U0187147

**图 3.4　四组滑坡实验启动前的照片**

（a）铝管，无填充；（b）铝管，有填充；（c）铜管，无填充；（d）铜管，有填充

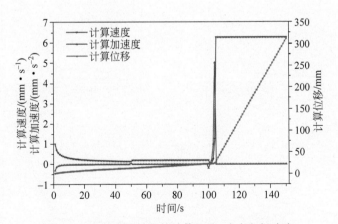

**图 3.5　滑坡变形过程的计算位移、速度和加速度**

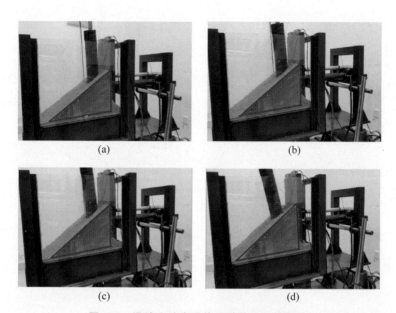

**图 3.7　滑坡实验中滑体运动的阶段性照片**

（a）时间 0 s，位移 0 mm；（b）时间 50 s，位移 11 mm；

（c）时间 100 s，位移 20 mm；（d）时间 110 s，位移 75 mm

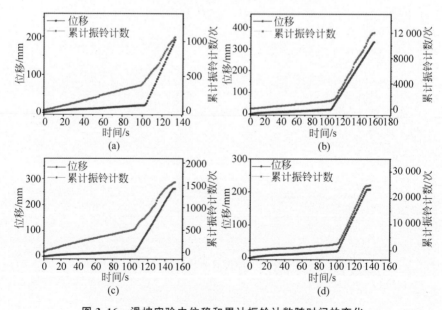

**图 3.16　滑坡实验中位移和累计振铃计数随时间的变化**

（a）铝管，无填充；（b）铝管，有填充；（c）铜管，无填充；（d）铜管，有填充

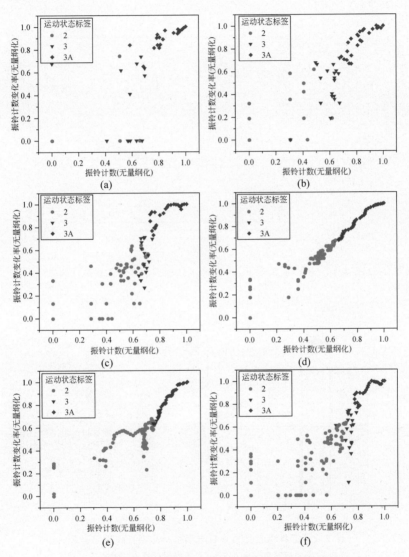

**图 4.7  滑坡实验中振铃计数-振铃计数变化率的数据分布**

（a）实验 1；（b）实验 2；（c）实验 3；（d）实验 4；（e）实验 5；（f）实验 6

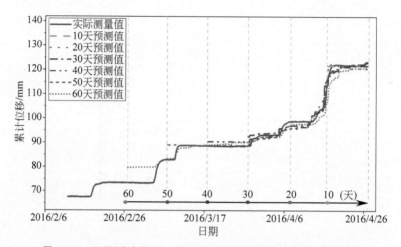

**图 4.19　不同测试期下 LASSO-ELM 模型的滑坡位移预测结果**

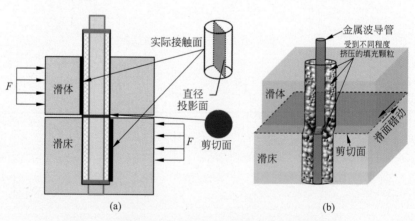

**图 5.2　波导单元受力分析与颗粒材料相互作用示意图**

（a）波导单元受力分析；（b）颗粒材料相互作用

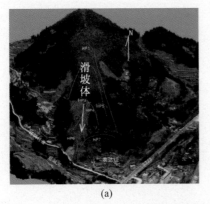

(a)                                    (b)

图 5.11　大掌村滑坡与深部变形监测设备

(a) 滑坡群分布；(b) 监测设备照片

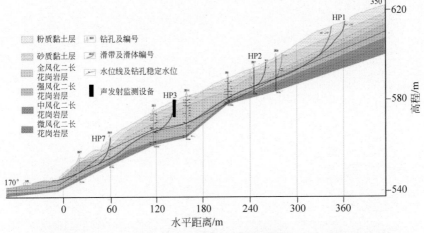

图 5.12　大掌村滑坡剖面图

(a)                                    (b)

图 5.13　红花嘴滑坡与深部变形监测设备

(a) 滑坡前缘照片；(b) 监测设备照片

清华大学优秀博士学位论文丛书

# 滑坡深部变形行为的
# 声发射监测方法研究

邓李政（Deng Lizheng）著

Research on Landslide Subsurface Deformation
Behaviour Using Acoustic Emission Monitoring

清華大學出版社
北京

## 内 容 简 介

滑坡防灾减灾是国家亟须解决的重要工程科技问题。本书围绕滑坡深部变形行为的声发射监测和早期风险预警难题,采用理论分析、实验研究、模型设计和现场试验等方法,对滑坡变形过程的声发射响应规律及量化分析方法开展科学研究与应用验证。主要内容和成果包括以下三方面:一是揭示了滑坡深部变形行为和声发射特征参数间的动态响应规律,为滑坡深部变形声发射监测方法提供了理论依据;二是提出了基于机器学习的复杂多源数据分析模型,利用声发射数据量化了滑坡深部变形,为声发射数据自动处理和滑坡变形行为分析提供了高效准确的新方法;三是提出了具有阵列式结构的声发射监测技术方案,研发了相应设备和系统,为滑坡深部变形监测和自动分析提供了新的技术手段,该方案具有广泛的工程应用前景。

版权所有,侵权必究。举报:010-62782989,beiqinquan@tup.tsinghua.edu.cn。

**图书在版编目(CIP)数据**

滑坡深部变形行为的声发射监测方法研究/邓李政著.—北京:清华大学出版社,2024.5
(清华大学优秀博士学位论文丛书)
ISBN 978-7-302-66066-8

Ⅰ.①滑…　Ⅱ.①邓…　Ⅲ.①滑坡—声发射监测—研究　Ⅳ.①P642.22
②TB52

中国国家版本馆 CIP 数据核字(2024)第 072573 号

**责任编辑:**戚　亚
**封面设计:**傅瑞学
**责任校对:**薄军霞
**责任印制:**丛怀宇

**出版发行:** 清华大学出版社
　　　　　 网　　址:https://www.tup.com.cn,https://www.wqxuetang.com
　　　　　 地　　址:北京清华大学学研大厦 A 座　　邮　　编:100084
　　　　　 社 总 机:010-83470000　　　　　　　　邮　　购:010-62786544
　　　　　 投稿与读者服务:010-62776969,c-service@tup.tsinghua.edu.cn
　　　　　 质量反馈:010-62772015,zhiliang@tup.tsinghua.edu.cn
**印 装 者:** 三河市东方印刷有限公司
**经　 销:** 全国新华书店
**开　 本:** 155mm×235mm　　**印　 张:** 10.25　　**插　 页:** 3　　**字　 数:** 170 千字
**版　 次:** 2024 年 5 月第 1 版　　　　　　　**印　 次:** 2024 年 5 月第 1 次印刷
**定　 价:** 89.00 元

产品编号:103125-01

# 一流博士生教育
# 体现一流大学人才培养的高度（代丛书序）①

人才培养是大学的根本任务。只有培养出一流人才的高校，才能够成为世界一流大学。本科教育是培养一流人才最重要的基础，是一流大学的底色，体现了学校的传统和特色。博士生教育是学历教育的最高层次，体现出一所大学人才培养的高度，代表着一个国家的人才培养水平。清华大学正在全面推进综合改革，深化教育教学改革，探索建立完善的博士生选拔培养机制，不断提升博士生培养质量。

## 学术精神的培养是博士生教育的根本

学术精神是大学精神的重要组成部分，是学者与学术群体在学术活动中坚守的价值准则。大学对学术精神的追求，反映了一所大学对学术的重视、对真理的热爱和对功利性目标的摒弃。博士生教育要培养有志于追求学术的人，其根本在于学术精神的培养。

无论古今中外，博士这一称号都和学问、学术紧密联系在一起，和知识探索密切相关。我国的博士一词起源于 2000 多年前的战国时期，是一种学官名。博士任职者负责保管文献档案、编撰著述，须知识渊博并负有传授学问的职责。东汉学者应劭在《汉官仪》中写道："博者，通博古今；士者，辩于然否。"后来，人们逐渐把精通某种职业的专门人才称为博士。博士作为一种学位，最早产生于 12 世纪，最初它是加入教师行会的一种资格证书。19世纪初，德国柏林大学成立，其哲学院取代了以往神学院在大学中的地位，在大学发展的历史上首次产生了由哲学院授予的哲学博士学位，并赋予了哲学博士深层次的教育内涵，即推崇学术自由、创造新知识。哲学博士的设立标志着现代博士生教育的开端，博士则被定义为独立从事学术研究、具备创造新知识能力的人，是学术精神的传承者和光大者。

---

① 本文首发于《光明日报》，2017 年 12 月 5 日。

博士生学习期间是培养学术精神最重要的阶段。博士生需要接受严谨的学术训练,开展深入的学术研究,并通过发表学术论文、参与学术活动及博士论文答辩等环节,证明自身的学术能力。更重要的是,博士生要培养学术志趣,把对学术的热爱融入生命之中,把捍卫真理作为毕生的追求。博士生更要学会如何面对干扰和诱惑,远离功利,保持安静、从容的心态。学术精神,特别是其中所蕴含的科学理性精神、学术奉献精神,不仅对博士生未来的学术事业至关重要,对博士生一生的发展都大有裨益。

**独创性和批判性思维是博士生最重要的素质**

博士生需要具备很多素质,包括逻辑推理、言语表达、沟通协作等,但是最重要的素质是独创性和批判性思维。

学术重视传承,但更看重突破和创新。博士生作为学术事业的后备力量,要立志于追求独创性。独创意味着独立和创造,没有独立精神,往往很难产生创造性的成果。1929 年 6 月 3 日,在清华大学国学院导师王国维逝世二周年之际,国学院师生为纪念这位杰出的学者,募款修造"海宁王静安先生纪念碑",同为国学院导师的陈寅恪先生撰写了碑铭,其中写道:"先生之著述,或有时而不章;先生之学说,或有时而可商;惟此独立之精神,自由之思想,历千万祀,与天壤而同久,共三光而永光。"这是对于一位学者的极高评价。中国著名的史学家、文学家司马迁所讲的"究天人之际,通古今之变,成一家之言"也是强调要在古今贯通中形成自己独立的见解,并努力达到新的高度。博士生应该以"独立之精神、自由之思想"来要求自己,不断创造新的学术成果。

诺贝尔物理学奖获得者杨振宁先生曾在 20 世纪 80 年代初对到访纽约州立大学石溪分校的 90 多名中国学生、学者提出:"独创性是科学工作者最重要的素质。"杨先生主张做研究的人一定要有独创的精神、独到的见解和独立研究的能力。在科技如此发达的今天,学术上的独创性变得越来越难,也愈加珍贵和重要。博士生要树立敢为天下先的志向,在独创性上下功夫,勇于挑战最前沿的科学问题。

批判性思维是一种遵循逻辑规则、不断质疑和反省的思维方式,具有批判性思维的人勇于挑战自己,敢于挑战权威。批判性思维的缺乏往往被认为是中国学生特有的弱项,也是我们在博士生培养方面存在的一个普遍问题。2001 年,美国卡内基基金会开展了一项"卡内基博士生教育创新计划",针对博士生教育进行调研,并发布了研究报告。该报告指出:在美国和欧洲,培养学生保持批判而质疑的眼光看待自己、同行和导师的观点同样非常不容易,批判性思维的培养必须成为博士生培养项目的组成部分。

对于博士生而言,批判性思维的养成要从如何面对权威开始。为了鼓励学生质疑学术权威、挑战现有学术范式,培养学生的挑战精神和创新能力,清华大学在 2013 年发起"巅峰对话",由学生自主邀请各学科领域具有国际影响力的学术大师与清华学生同台对话。该活动迄今已经举办了 21期,先后邀请 17 位诺贝尔奖、3 位图灵奖、1 位菲尔兹奖获得者参与对话。诺贝尔化学奖得主巴里·夏普莱斯(Barry Sharpless)在 2013 年 11 月来清华参加"巅峰对话"时,对于清华学生的质疑精神印象深刻。他在接受媒体采访时谈道:"清华的学生无所畏惧,请原谅我的措辞,但他们真的很有胆量。"这是我听到的对清华学生的最高评价,博士生就应该具备这样的勇气和能力。培养批判性思维更难的一层是要有勇气不断否定自己,有一种不断超越自己的精神。爱因斯坦说:"在真理的认识方面,任何以权威自居的人,必将在上帝的嬉笑中垮台。"这句名言应该成为每一位从事学术研究的博士生的箴言。

### 提高博士生培养质量有赖于构建全方位的博士生教育体系

一流的博士生教育要有一流的教育理念,需要构建全方位的教育体系,把教育理念落实到博士生培养的各个环节中。

在博士生选拔方面,不能简单按考分录取,而是要侧重评价学术志趣和创新潜力。知识结构固然重要,但学术志趣和创新潜力更关键,考分不能完全反映学生的学术潜质。清华大学在经过多年试点探索的基础上,于 2016年开始全面实行博士生招生"申请-审核"制,从原来的按照考试分数招收博士生,转变为按科研创新能力、专业学术潜质招收,并给予院系、学科、导师更大的自主权。《清华大学"申请-审核"制实施办法》明晰了导师和院系在考核、遴选和推荐上的权力和职责,同时确定了规范的流程及监管要求。

在博士生指导教师资格确认方面,不能论资排辈,要更看重教师的学术活力及研究工作的前沿性。博士生教育质量的提升关键在于教师,要让更多、更优秀的教师参与到博士生教育中来。清华大学从 2009 年开始探索将博士生导师评定权下放到各学位评定分委员会,允许评聘一部分优秀副教授担任博士生导师。近年来,学校在推进教师人事制度改革过程中,明确教研系列助理教授可以独立指导博士生,让富有创造活力的青年教师指导优秀的青年学生,师生相互促进、共同成长。

　　在促进博士生交流方面,要努力突破学科领域的界限,注重搭建跨学科的平台。跨学科交流是激发博士生学术创造力的重要途径,博士生要努力提升在交叉学科领域开展科研工作的能力。清华大学于 2014 年创办了"微沙龙"平台,同学们可以通过微信平台随时发布学术话题,寻觅学术伙伴。3 年来,博士生参与和发起"微沙龙"12 000 多场,参与博士生达 38 000 多人次。"微沙龙"促进了不同学科学生之间的思想碰撞,激发了同学们的学术志趣。清华于 2002 年创办了博士生论坛,论坛由同学自己组织,师生共同参与。博士生论坛持续举办了 500 期,开展了 18 000 多场学术报告,切实起到了师生互动、教学相长、学科交融、促进交流的作用。学校积极资助博士生到世界一流大学开展交流与合作研究,超过 60% 的博士生有海外访学经历。清华于 2011 年设立了发展中国家博士生项目,鼓励学生到发展中国家亲身体验和调研,在全球化背景下研究发展中国家的各类问题。

　　在博士学位评定方面,权力要进一步下放,学术判断应该由各领域的学者来负责。院系二级学术单位应该在评定博士论文水平上拥有更多的权力,也应担负更多的责任。清华大学从 2015 年开始把学位论文的评审职责授权给各学位评定分委员会,学位论文质量和学位评审过程主要由各学位分委员会进行把关,校学位委员会负责学位管理整体工作,负责制度建设和争议事项处理。

　　全面提高人才培养能力是建设世界一流大学的核心。博士生培养质量的提升是大学办学质量提升的重要标志。我们要高度重视、充分发挥博士生教育的战略性、引领性作用,面向世界、勇于进取,树立自信、保持特色,不断推动一流大学的人才培养迈向新的高度。

清华大学校长

2017 年 12 月

# 丛书序二

以学术型人才培养为主的博士生教育,肩负着培养具有国际竞争力的高层次学术创新人才的重任,是国家发展战略的重要组成部分,是清华大学人才培养的重中之重。

作为首批设立研究生院的高校,清华大学自20世纪80年代初开始,立足国家和社会需要,结合校内实际情况,不断推动博士生教育改革。为了提供适宜博士生成长的学术环境,我校一方面不断地营造浓厚的学术氛围,一方面大力推动培养模式创新探索。我校从多年前就已开始运行一系列博士生培养专项基金和特色项目,激励博士生潜心学术、锐意创新,拓宽博士生的国际视野,倡导跨学科研究与交流,不断提升博士生培养质量。

博士生是最具创造力的学术研究新生力量,思维活跃,求真求实。他们在导师的指导下进入本领域研究前沿,吸取本领域最新的研究成果,拓宽人类的认知边界,不断取得创新性成果。这套优秀博士学位论文丛书,不仅是我校博士生研究工作前沿成果的体现,也是我校博士生学术精神传承和光大的体现。

这套丛书的每一篇论文均来自学校新近每年评选的校级优秀博士学位论文。为了鼓励创新,激励优秀的博士生脱颖而出,同时激励导师悉心指导,我校评选校级优秀博士学位论文已有20多年。评选出的优秀博士学位论文代表了我校各学科最优秀的博士学位论文的水平。为了传播优秀的博士学位论文成果,更好地推动学术交流与学科建设,促进博士生未来发展和成长,清华大学研究生院与清华大学出版社合作出版这些优秀的博士学位论文。

感谢清华大学出版社,悉心地为每位作者提供专业、细致的写作和出版指导,使这些博士论文以专著方式呈现在读者面前,促进了这些最新的优秀研究成果的快速广泛传播。相信本套丛书的出版可以为国内外各相关领域或交叉领域的在读研究生和科研人员提供有益的参考,为相关学科领域的发展和优秀科研成果的转化起到积极的推动作用。

　　感谢丛书作者的导师们。这些优秀的博士学位论文,从选题、研究到成文,离不开导师的精心指导。我校优秀的师生导学传统,成就了一项项优秀的研究成果,成就了一大批青年学者,也成就了清华的学术研究。感谢导师们为每篇论文精心撰写序言,帮助读者更好地理解论文。

　　感谢丛书的作者们。他们优秀的学术成果,连同鲜活的思想、创新的精神、严谨的学风,都为致力于学术研究的后来者树立了榜样。他们本着精益求精的精神,对论文进行了细致的修改完善,使之在具备科学性、前沿性的同时,更具系统性和可读性。

　　这套丛书涵盖清华众多学科,从论文的选题能够感受到作者们积极参与国家重大战略、社会发展问题、新兴产业创新等的研究热情,能够感受到作者们的国际视野和人文情怀。相信这些年轻作者们勇于承担学术创新重任的社会责任感能够感染和带动越来越多的博士生,将论文书写在祖国的大地上。

　　祝愿丛书的作者们、读者们和所有从事学术研究的同行们在未来的道路上坚持梦想,百折不挠! 在服务国家、奉献社会和造福人类的事业中不断创新,做新时代的引领者。

　　相信每一位读者在阅读这一本本学术著作的时候,在吸取学术创新成果、享受学术之美的同时,能够将其中所蕴含的科学理性精神和学术奉献精神传播和发扬出去。

清华大学研究生院院长

2018 年 1 月 5 日

# 导师序言

　　清华大学安全学科始建于 2003 年，是一门新兴的综合性理工文管交叉学科。监测预警作为安全科学与工程学科共性的内涵和研究基础，是重点发展的学科方向之一，安全控制技术逐渐由灾害治理向监测预警前移。我国滑坡隐患点数量多、灾害发生频繁且危害损失大，制约了经济社会安全发展。滑坡监测预警是主动防范灾害的重要途径，契合国家防灾减灾重大需求。

　　滑坡监测内容包括变形、地下水和降雨量等，其中变形监测最为直接有效。滑坡地表变形监测受气象、地形和植被等因素干扰，预警可靠性难以保障。深部变形监测技术能感知滑面形成发展等灾害前兆信息，可为早期风险预警提供有力支撑，但传统技术量程有限、成本高且操作复杂。有源波导声发射技术是滑坡深部变形监测新方法，能灵敏感知微小变形并持续监测较大变形，有潜力实现滑坡早期预警。

　　然而，滑坡声发射监测技术和设备仍然存在不足，主要表现在：对滑坡深部变形-声发射响应规律的认识还不够清晰；有效识别边坡稳定性的声发射参数尚不明确；声发射数据的定量解释缺乏普适性方法；因此进一步深入研究和发展完善滑坡声发射监测技术具有重要的理论意义和工程应用价值。邓李政博士开展了滑坡深部变形声发射监测方法与技术研究，在以下方面取得了创新研究成果：

　　一、通过综合采用理论分析与实验研究，揭示了滑坡深部变形行为和声发射监测参数间的响应规律。提出了基于速度控制的滑坡三阶段变形过程模拟方法，发现了滑坡变形和声发射参数间存在线性动态相关关系，提出了利用振铃计数变化率识别滑坡加速度并评价边坡稳定性，为滑坡深部变形声发射监测方法提供了理论依据。

　　二、提出了基于机器学习算法的分析模型，利用声发射监测数据量化了滑坡深部变形。以滑坡位移、速度和加速度信息的有效提取为主要目标，建立了滑坡运动状态分类模型自动识别滑坡速度和加速度，建立了滑坡位移预测模型持续提供变形信息,为声发射监测数据自动处理和滑坡变形行为分析提供了高效准确的普适性方法。

三、提出了具有创新性的阵列式声发射技术方案,设计了标准化的有源波导声发射监测单元,研发了波导单元串联而成的阵列式声发射监测设备,发展形成了低成本、高灵敏度和实用性强的新型声发射监测系统,为滑坡深部变形简易监测和自动分析提供了新方法。阵列式声发射监测设备已在四川、贵州、安徽等7个省的20多处滑坡区域应用,总体运行情况良好。

本书选题具有前沿性和引领性,内容新颖、结构严谨、分析逻辑性强、行文流畅,在理论和方法上有一定原始创新,获评清华大学2022年度优秀博士学位论文。本书的特色在于开展了安全科学、岩土工程、声学与人工智能等多学科交叉创新研究,发展形成了一种新的滑坡深部变形监测预警方法,完成了"实验研究-模型构建-设备研发-现场试验"全过程闭环研究,对相关人员开展体系化的科学研究具有较好的参考借鉴价值。

本书适合地质灾害、滑坡、岩土工程、声学技术、监测预警和机器学习等领域的专家、学者和高校师生,可供安全科学与工程、岩土工程、声学、人工智能等专业的研究人员和师生阅读参考,也可作为地质灾害等研究及工程人员的自学读本或培训教材。

袁宏永

清华大学安全科学学院

2024 年 1 月

# 摘　要

我国滑坡隐患点数量多、灾害发生频繁且危害损失大,滑坡防灾减灾面临诸多挑战。监测预警是预防滑坡灾害的有效方法,变形是滑坡过程中最为显著的特征,监测变形可有效评估滑坡风险。针对地表变形的滑坡监测技术经常受到环境因素干扰,深部变形监测技术能够获取滑面形成发展等滑坡失稳的前兆信息,为灾害早期风险预警提供有力支撑。现有的深部变形监测技术存在成本高、寿命短或操作难等问题,声发射技术为深部变形监测提供了低成本和高灵敏度的新方法。然而,滑坡声发射监测技术和设备仍然存在不足,主要表现在:对滑坡深部变形-声发射响应规律的认识还不够清晰,有效识别边坡稳定性变化的声发射参数尚不明确,声发射数据的定量解释缺乏普适性方法。因此进一步深入研究和发展完善滑坡声发射监测技术具有重要的理论意义和工程应用价值。

本书围绕滑坡深部变形行为的声发射监测和准确识别问题,以滑坡位移、速度和加速度信息的有效提取为主要研究目标,采用文献调研、实验分析、模型设计和现场试验等方法,对土质滑坡渐进变形过程的声发射响应规律及量化分析方法开展研究与应用验证。本研究的主要成果如下:

揭示了滑坡深部变形行为和声发射监测参数间的响应规律。提出了基于速度控制的滑坡三阶段变形过程模拟方法,发现了土质滑坡变形和声发射参数间存在的线性动态相关关系,提出了利用振铃计数变化率识别滑坡加速度并评价边坡稳定性,为滑坡深部变形声发射监测方法提供了实验依据。

提出了基于机器学习算法的分析模型,利用声发射监测数据量化了滑坡深部变形。建立了滑坡运动状态分类模型自动识别滑坡速度和加速度,建立了滑坡位移预测模型持续提供变形信息,为声发射监测数据自动处理和滑坡变形行为准确分析提供了普适性方法。

　　提出了具有阵列式结构的新型声发射监测设备设计和简易应用方法。设计了标准化的有源波导声发射监测单元,研发了波导单元串联而成的阵列式声发射监测设备,发展形成了低成本、高灵敏度和实用性强的新型声发射监测系统,为滑坡深部变形简易监测和自动分析提供了新方法。

**关键词**:滑坡变形;声发射技术;监测预警;机器学习;现场试验

# Abstract

There are numerous landslide hazards in China, while disasters occur frequently and cause severe losses. Disaster prevention and mitigation of landslides face many challenges. Landslide monitoring and early warning is an effective method to prevent disasters. Deformation is the most significant feature during the landslide process, and deformation monitoring is useful for landslide risk assessment. Monitoring technology for slope surface deformation is often affected by environmental factors. Subsurface deformation monitoring can obtain precursory information of slope instability such as the formation of shear surface, and hence provide effective means for landslide early warning. However, there are still some problems with existing subsurface deformation monitoring instruments, such as high cost, short life, or difficult to operate. Acoustic emission technology provides a low-cost and high-sensitivity method for subsurface deformation monitoring. However, some deficiencies still exist in current acoustic emission technology and equipment. The understanding is insufficient in terms of the acoustic emission behavior in response to landslide deformation. The acoustic emission parameters are still unclear that can be used to effectively identify the changes in slope stability. The general method is lacking regarding the quantitative interpretation of acoustic emission data. Hence, further research and development of acoustic emission technology for landslide monitoring have theoretical and practical significance.

This book focuses on the objective of acoustic emission monitoring and quantification of landslide subsurface deformation behavior (i. e. displacement, velocity, and acceleration). The author carried out research on the acoustic emission behavior and quantitative analysis method of soil slope deformation process, using the methods of literature research, experimental analysis, model design, and field test. The main findings of this book are as follows.

This study revealed the response law between landslide subsurface deformation behavior and acoustic emission monitoring parameters. An experimental loading method based on velocity control was proposed to simulate the landslide's three-stage deformation process. A linear dynamic correlation was found between soil slope deformation and acoustic emission parameters. A method was provided to apply the change rate of the ring down count to identify landslide acceleration and evaluate slope stability. This research provided an experimental basis for landslide subsurface deformation monitoring using acoustic emission.

This study proposed two analytical models based on machine learning algorithms to quantify landslide subsurface deformation using acoustic emission monitoring data. The first model was established to automatically identify landslide velocity and acceleration, and the second model was used to predict landslide displacement. The machine learning model provided a general method for automatic analysis of landslide deformation behavior based on acoustic emission data.

This study proposed the design and application method of acoustic emission monitoring equipment with a novel array structure. This research designed a standardized active waveguide unit and developed an acoustic emission monitoring array composed of multiple waveguide units connected in series. An acoustic emission monitoring system was developed with low-cost, high-sensitivity, and practical characteristics, which provided a new method for simple monitoring and automatic analysis of landslide subsurface deformation.

**Keywords**: Landslide deformation; Acoustic emission technology; Monitoring and early warning; Machine learning; Field test

# 目　录

# Contents

# 第1章 引　言

## 1.1　研究背景及意义

### 1.1.1　选题背景

滑坡是一种频发的全球性自然灾害,常常导致巨大的破坏性后果,其每年造成数万人员伤亡和数百亿美元经济损失[1,2]。降雨和地震是滑坡常见的诱发因素,滑坡作为次生灾害其损失常被统计到原生灾害中,导致滑坡实际造成的损失被严重低估[3,4]。滑坡过程中可能伴随有崩塌和泥石流等其他地质灾害,也可能引起水库涌浪、堰塞湖等次生灾害,致使灾害后果和损失加剧[5]。随着城市化建设和人类工程活动范围的扩展,土地开发利用逐渐向滑坡风险较高的山地地区发展,更多区域受到滑坡威胁,灾害造成的损失规模有增加趋势[6-9]。

滑坡造成的大多数人员伤亡发生在亚洲,中国是世界上滑坡灾害较为严重的国家之一[5,10]。中国国土面积约 2/3 为山地,滑坡是主要的地质灾害类型。滑坡发育区主要分布在西南、西北和中南地区,记录在册的滑坡灾害隐患点超过 16 万处,占全部地质灾害隐患点总数的 50% 以上,分布在2000 多个县(市)[11],滑坡直接威胁着近千万人的生命安全和数千亿的财产安全。中国不断变化的气候模式可能导致夏季降雨更加密集,甚至出现更为频繁的极端降雨事件[12],滑坡灾害在未来或许会更加严重。随着城市化的快速发展,滑坡不再仅仅属于自然灾害范畴,垃圾堆放场、渣土受纳场等也可能发生滑坡,例如 2015 年深圳市"12·20"特大型滑坡事故,给城市公共安全造成了严重后果。

中国地质灾害造成的人员伤亡和经济损失占自然灾害总体损失的比例分别超过 25% 和 20%,滑坡在各类地质灾害中造成的损失最为严重[13]。根据中国地质调查局的数据,图 1.1(a)展示了中国实际发生的地质灾害和滑坡灾害的数量,两种灾害的发生数量整体上均呈现下降趋势。2012—2021 年平均每年发生滑坡 6148 起;2017—2021 年平均每年发生滑坡 3704

起。滑坡是发生数量最多的地质灾害,2012—2021 年滑坡灾害的累计数量占地质灾害累计总数的 70% 以上。图 1.1(b)表明近十年中国地质灾害造成的遇难(死亡和失踪)人数总体有明显下降趋势,从十年前的数百人降至近两年的数十人。如图 1.1(c)所示,2011—2021 年中国地质灾害造成的直接经济损失波动较大,直接经济损失占国内生产总值(GDP)的比例呈现不断降低的趋势,线性拟合这一趋势得到的年下降率超过 9%,地质灾害防灾减灾对于经济增长有一定的促进作用[12]。然而,单次地质灾害造成的直接经济损失有逐年增加的趋势(图 1.1(d))。

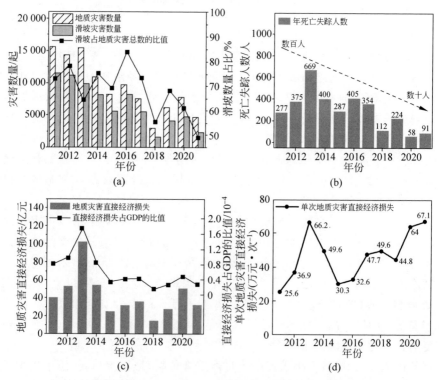

**图 1.1　2011—2021 年中国地质灾害的相关数据**

(a)地质灾害和滑坡灾害数量；(b)地质灾害造成的遇难人数；
(c)地质灾害的直接经济损失；(d)单次地质灾害的直接经济损失

中国逐步建立起以地质调查、监测预警、综合治理和应急处置为主的地质灾害防治体系,总体上取得了显著成效。已发现的地质灾害隐患点逐步得到了有效监测,地质灾害监测预警体系实现了许多灾害的成功预报,减轻了灾害造成的危害性后果。根据中国地质调查局的数据,表 1.1 显示了中国成功预报的地质灾害数量和相应成效,2017—2021 年成功预报数量占地质灾害总数的 16% 左右,平均每年避免人员伤亡近 3 万人、避免直接经济损失超过 11 亿元。

然而,地质灾害的防灾减灾仍然是重大难题。如图 1.2 所示,我国近年来约 94% 以上的地质灾害发生在县级以下的农村地区,地质灾害"中心"由城镇向农村转移,灾害表现出随机性更大、隐蔽性更高和累计破坏性更强等新特点[14]。我国的地质灾害调查累计查明了数十万处灾害隐患点,但是调查评价工作的广度、深度和精度有限,全国每年约 80% 的地质灾害发生在已查明的隐患点范围之外(图 1.2),灾害发生的盲点区域还大量存在[15]。

表 1.1  2017—2021 年中国地质灾害成功预报的数量和成效

| 年份 | 成功预报地质灾害/起 | 成功预报数量占地质灾害发生总数的比例/% | 避免人员伤亡/人 | 避免直接经济损失/亿元 |
|---|---|---|---|---|
| 2017 | 1642 | 22 | 55 356 | 14.5 |
| 2018 | 496 | 17 | 23 560 | 9.6 |
| 2019 | 939 | 15 | 24 753 | 8.3 |
| 2020 | 534 | 7 | 18 239 | 10.2 |
| 2021 | 905 | 19 | 25 528 | 13.5 |

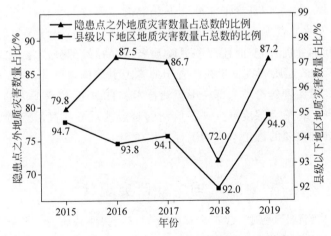

图 1.2  发生在隐患点之外和县级以下地区地质灾害的数量占比

滑坡是一种突发且频发的地质灾害,防灾减灾面临重大挑战。中国的滑坡隐患点数量众多且形势复杂,目前不可能完成全部滑坡隐患区居民的整体搬迁,而滑坡治理通常需要投入大量的资金,治理工程的实施范围有限。滑坡破坏后的修复费用常常比破坏前的定期维护费用高出数倍[16]。这些现实中的挑战突出了开展滑坡监测预警研究与应用实践的重大意义[17-19]。中国滑坡灾害监测预警体系的建设相比于发达国家较为缓慢,灾害隐患点监测站建设与运行现状不容乐观。滑坡灾害的监测预警工作仍以群测群防为主,专业监测的覆盖范围比较有限,对易滑结构、成灾模式、监测技术和预警模型的研究还不能满足灾害预防的需求[15]。

### 1.1.2　研究意义

中国滑坡灾害点多面广且危害巨大,滑坡灾害防治具有重大的经济效益(降低财产损失)、社会效益(减少人员伤亡并增加政府公信力)和环境效益(缓解地质环境劣化)。滑坡监测预警是防灾减灾的重要手段,有助于及时采取措施避免人员伤亡和经济损失。尽管目前滑坡自动化监测点的数量逐渐增加,但相比于庞大的隐患点总量仍然很少,且很多设备灵敏度不高或时间分辨率较低,无法实现滑坡过程的实时监测和早期预警。滑坡灾害的严峻现状和监测预警工作存在的不足是本研究的动力。

滑坡深部变形监测具有发现灾害前兆的重要意义。滑坡以运动的形式造成灾害,变形在滑坡过程中表现最为显著,滑面对于滑坡的发展演化起到了关键作用。滑坡深部变形监测能够获取滑面形成的早期信息,从根本上保证灾害发生之前实现及时有效预警。针对滑坡深部变形行为(主要是位移、速度和加速度)的实时监测和风险预警中存在的部分难题,尤其是全国每年约80%的地质灾害发生在已查明的隐患点范围之外的现状,研究发展低成本、高灵敏度的滑坡深部变形监测技术和自动化、广泛适用的滑坡风险预警分析模型,最大限度减少灾害监测的盲点区域并提高风险预警的智能化水平,具有重要的理论意义和工程应用价值。

## 1.2　国内外研究现状

滑坡监测预警问题引起了全球学者的广泛关注和研究。滑坡是斜坡上的岩土体在重力等作用下沿着软弱带向下运动的过程[20]。滑坡监测是指对地质体变形和运动的变化过程及触发因素进行测量和解释[5],进而评价灾害风险并预测发展趋势,主要分为以人工为主的群测群防和以仪器为主的专业监测两类。滑坡预警是在灾害发生前根据监测和分析得到的滑坡发展演化规律向有关人员发出危险信号,以及时采取应对措施降低灾害损失。滑坡变形的专业化持续监测可获得其演化特征和发展趋势,评估边坡稳定性,及时发现异常变化,支撑灾害预防和应急响应。然而,现有的滑坡变形监测技术大多针对地表变形,深部变形监测技术存在操作复杂或设备价格昂贵等问题,难以广泛应用,亟须发展低成本、高灵敏度的新型监测技术和设备。

滑坡监测预警的主要依据是变形,本节从滑坡过程变形行为(1.2.1节)、滑坡变形监测技术(1.2.2节)和滑坡变形预警模型(1.2.3节)三个方面综述了国内外的研究现状。

## 1.2.1 滑坡过程变形行为研究

滑坡变形行为研究的前提和基础是明确滑坡的工程地质特征和类型。滑坡的形成受地形地貌、地层岩性和地质构造等因素影响,其发生机理复杂,具有突发性、隐蔽性和不可预测性。但是所有滑坡的共性是都隶属于斜坡运动的范畴[21]。滑坡地质模型[22]抽象概括了滑体组构、动力成因、变形特征和发育阶段(图 1.3),给出了滑坡变形运动的基本规律和影响因素。滑坡按材料组成主要分为岩质和土质,按变形特征主要分为推移式和牵引式,按运动类型主要分为旋转(弧形滑面)和平移(平面滑面)[23-25]。

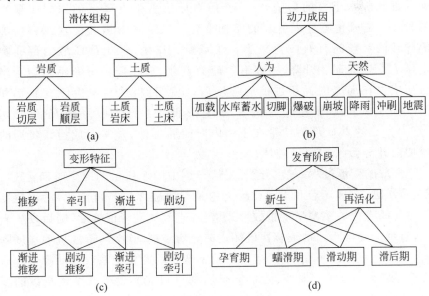

**图 1.3　滑坡基本地质模型体系**
(a) 滑体组构;(b) 动力成因;(c) 变形特征;(d) 发育阶段

　　许多土质滑坡具有上覆土体且下伏基岩的"二元结构"特征,滑面沿土体和基岩的分界面发育[26-29]。上部土体的拉裂缝逐渐延伸到滑面处,滑面在滑体重力、降雨渗流、后缘裂隙内静水压力和滑面处孔隙水压力等综合作用下逐渐发展和破坏。当滑面由后向前完全贯通时,土质滑体发生整体移动,形成推移式滑坡[30-33]。本书第 3 章主要研究推移式土质滑坡的平移运动。

　　力学平衡状态是评价边坡稳定性的基本依据。滑坡失稳的本质是滑面上阻力(抗滑力)与滑动力(下滑力)间的平衡被破坏,滑面上的作用力变化反映了滑坡的演化过程[34]。基于极限平衡理论,边坡安全系数被定义为滑面上的抗滑力与下滑力之比[35-37],安全系数随滑面发展而变化[38]。安全系数大于 1 时,表示边坡处于稳定状态,抗滑力减小或下滑力增加都会导致边坡稳定性降低。土质滑坡沿滑面的抗剪强度主要取决于材料、结构和孔隙水压力:

$$\tau = c' + (\sigma_n - U)\tan\varphi' = c' + \sigma'\tan\varphi' \tag{1-1}$$

式中,$\tau$ 为抗剪强度,$c'$ 和 $\varphi'$ 为土体中的黏聚力和摩擦角,$\sigma_n$ 为总的正应力,$U$ 为孔隙水压力,$\sigma'$ 为有效应力。

　　土质滑坡稳定性主要与土体组成结构(即 $c'$ 和 $\varphi'$)有关,并受到滑面局部孔隙水压力的影响[39]。土质滑坡抗剪强度降低的原因主要有两种:一是风化等过程引起的结构变化;二是降雨后孔隙水压力增加等导致的颗粒间有效应力减小。在降雨等作用下,土质滑坡内部孔隙水压力发生周期性升降,引起有效应力变化,剪切应力分布不均匀。当剪切应力在局部位置超过抗剪强度后,土质材料逐渐发生应变软化和强度损失,导致峰值过后抗剪强度降低,在土体中形成局部剪切带[40,41]。这些局部剪切带在土体内向四周延伸,最终形成连续贯通的剪切面并导致滑坡失稳破坏。

　　滑坡的变形过程一般会经历文献[41]中图 2 所示的四个时期:破坏前、首次破坏、破坏后和再活化。无论是首次破坏还是再活化,滑坡速度随时间的变化关系都呈现指数形式增长,直到达到峰值速度,随后发生衰减,直到运动停止。滑坡首次破坏之前经历了蠕动变形,造成抗剪强度降低,滑体自重保持不变(剪切应力保持不变),因此安全系数逐渐降低[42];安全系数低于 1 时滑体发生加速运动,速度可能会发生几个数量级的变化,达到高速运动状态,并发生大位移。随着孔隙水压力消散、坡脚重塑和坡面变缓,抗滑阻力增加,滑坡速度减小,运动趋向于停止[25,40]。相比之下,复活滑坡的滑面已经形成或接近残余抗剪强度,不会发生进一步的应变软化,一般在季节性降雨的作用下处于低速运动状态并发生较小位移,其渐进变形行为受孔隙水压力的瞬时升高和消散控制[41,43,44]。在孔隙水压力快速变化、坡脚开挖(削坡建房)或地震等极端情况下,复活滑坡会发生快速运动[41]。

速度是描述滑坡变形行为的关键运动学参数,与边坡稳定性直接相关[45]。滑坡风险(预期的损失程度)可以通过危险性(滑坡事件发生的可能性)和脆弱性(面临危险的人口、设施和财产)的乘积近似估算,滑坡释放的能量可近似表示为滑坡速度和受影响区域的乘积[23,24,46]。滑坡释放的能量和潜在受影响区域的脆弱性随着滑坡速度的增加而增加,滑坡风险与滑坡速度成正相关。不同速度的滑坡对生命财产和建筑设施产生不同程度的破坏作用,应发出不同级别的预警并采取有针对性的响应措施。表 1.2 展示了滑坡速度分级标准[23-25],给出了速度相对大小的定性描述(慢速、中速或快速等)。速度跨越了从"极慢"(每年数毫米)到"极快"(每秒数米)的 7个类别,速度类别被不同的速度临界值区分开,相邻类别的速度临界值间存在两个数量级的差异。

表 1.2　滑坡速度分级标准

| 速度级别 | 速度描述 | 速度临界值*/(mm·h$^{-1}$) | 典型速度 | 响应措施 |
| --- | --- | --- | --- | --- |
| 7 | 极快 | 20 000 000 | 5 m/s | 无 |
| 6 | 很快 | 200 000 | 3 m/min | 无 |
| 5 | 快速 | 2000 | 1.8 m/h | 疏散 |
| 4 | 中速 | 20 | 13 m/month | 疏散 |
| 3 | 慢速 | 0.2 | 1.6 m/a | 维护 |
| 2 | 很慢 | 0.002 | 15 mm/a | 维护 |
| 1 | 极慢 | | | 无 |

*速度分级临界值近似为一位有效数字。例如,0.18 mm/h 近似变成 0.2 mm/h。

大量滑坡现场监测和实验研究表明,许多滑坡经历了从缓慢变形到加速运动的过程[14-49],最终可能会造成快速运动和破坏性后果[26,50]。滑坡过程一般具有渐进特征,符合图 1.4 所示的三阶段变形演化规律(即"斋藤曲线")[48,51,52]。滑坡从局部破坏、渐进变形到最终失稳破坏的整个过程,通常经历三个阶段:初始变形(AB 段)、匀速变形(BC 段)和加速变形(CD

段）。滑坡加速变形意味着滑面贯通后的整体失稳破坏，随后的快速滑动可能造成严重危害[26,53]。滑坡预警需要识别变形演化阶段，尤其要通过加速度的变化准确识别加速变形行为[54,55]。

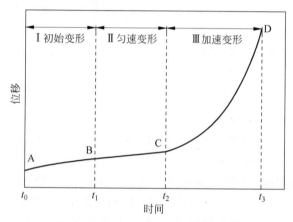

**图 1.4　渐进式滑坡三阶段变形过程**

室内实验和现场试验方法常用于研究滑坡变形过程的现象、机理、特征和规律。滑坡室内实验常采用降雨作为触发因素[56-59]，实验过程存在一定的随机性，实验的可重复性和规律性稍弱。为了提高滑坡模型实验的可控性，研究人员通过在滑体后缘施加前向推力[60,61]、在滑体顶部施加竖向荷载[62,63]、在滑体底部施加摩擦力[64]、离心机实验[65-67]、实验箱倾斜[68]和滑体开挖[69,70]等方式模拟滑坡过程，以研究不同诱发因素或作用机制对滑坡变形过程的影响，探究滑坡过程的某种特征或规律。这些滑坡模型实验的控制较为容易且重复性高，但由于尺寸效应等影响导致模拟的工况有局限性，难以还原滑坡现场的实际条件。滑坡的机理研究常使用经典的剪切或压缩岩土工程实验[47]，基于简化的物理模型和明确的破坏机制，研究结果的规律性较强。但是机理实验与滑坡实际的变形机制和破坏条件存在差异，并且难以耦合多种影响因素，较为理想化的实验条件导致机理实验的实用性存疑。滑坡现场试验[71-73]符合真实情况，但试验成本较高，试验过程变量多且较难得到全面有效控制，试验的不确定性较大且重复性较差。

### 1.2.2　滑坡变形监测技术研究

滑坡监测参数包括变形、水文和气象等不同类型（图 1.5），其中变形是最直接、最有效的参数[74-77]。滑坡灾害的本质是岩土体变形失控后以运动的方式造成破坏[78,79],变形在滑坡过程中表现最为显著,变形监测对于分析滑坡危险程度和演变规律至关重要,是滑坡预警的主要依据[80-82]。广义上的滑坡变形包括位移、沉降、倾斜、裂缝、挠度和隆起等,滑坡变形监测主要关注位移,尤其是水平位移,因为滑坡的水平位移远大于其垂直位移[83]。常用的滑坡变形监测方法分为地表监测和深部监测两类技术[57,84-87]。地表变形监测动态测量滑坡体表面某个测点与稳定参照物之间三维空间距离的相对变化,深部变形监测主要测量滑坡体地面以下的水平位移[83]。

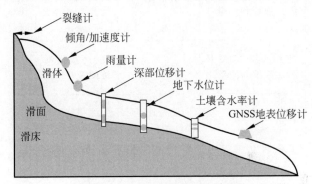

**图 1.5　滑坡监测常用设备示意图**

常见的滑坡地表变形监测技术(表 1.3)包含摄影测量、雷达、遥感和全球卫星导航系统(global navigation satellite system,GNSS)[88-91]等。部分地表变形监测技术的优势是可以实现大范围测量,获得大地表面的运动方向和规模等信息。然而,多数地表变形监测技术容易受到气象条件、地形起伏、植被覆盖和人为因素等干扰(表 1.3),导致时间分辨率较低且数据解算较复杂,可能错过滑坡快速变形信息的捕捉[87,92,93],降雨冲刷引起表层土壤移动等情况也可能导致滑坡误报[87]。

更为关键的是,地表变形监测不能感知滑坡内部的地质活动,也不能监测滑面的发展和破坏[94,95]。滑坡由内部结构逐渐破坏引起,滑坡的演化过程取决于滑面的形成发展和破裂程度[96,97]。滑坡变形从内部开始,早期演化信息自内而外发出,灾变的初始信息只能从斜坡内部感知[98,99]。只有当滑体内部充分发生变化,滑坡表面才会发生宏观变形。宏观变形超过一定程度,才能被地表监测设备所捕捉。我国目前的滑坡监测以地表变形和降雨为主,更加接近于“表观现象监测”,但地表变形和降雨不是滑坡发生的充分条件。

表 1.3　滑坡地表变形监测技术及其特点

| 监测技术 | 变形测量精度 | 时间分辨率 | 空间分辨率 | 补充说明 |
|---|---|---|---|---|
| GNSS | 毫米～厘米 | 一般为分钟/小时/周 | 较高,取决于测点数量 | 受地形和植被覆盖等影响 |
| 全站仪 | 0.5～5 mm(取决于测距) | 一般为分钟/小时/周 | 较高,取决于测点数量 | 受通视条件、气象条件和植被影响 |
| 航空摄影测量 | 毫米～米(取决于图片数量和质量) | 一般为月/年 | 高,可提供滑坡的完整影像 | 受飞行高度、植被和气象条件等影响,数据后处理较复杂 |
| 遥感 | 毫米～米(取决于图片数量和质量) | 一般为月/年 | 高,可提供滑坡的完整影像 | 受飞行高度、地形、植被、气象条件等影响 |
| 合成孔径雷达(InSAR) | 毫米 | 一般为月/年 | 大面积监测 | 受地形、植被和气象条件等影响 |
| 倾斜仪 | 量程的 0.02%～1%,量程<60° | 高,持续采集数据 | 低,获取安装点附近的信息 | 稳健性强,成本低,对温度变化敏感 |
| 自动伸缩计 | 0.5～1 mm,量程最大 200 mm | 高,实时连续监测 | 低,获取安装点附近的信息 | 稳健性强,成本较低,对温度变化敏感,一维测量 |
| 分布式光纤 | 0.01%的变化(10 km 变化 1 m) | 高,实时连续监测 | 沿光缆长度分辨率较高 | 不能提供总变形程度,对温度变化敏感 |
| 加速度计 | 0.1 m/s$^2$ | 高,实时连续 | 较低 | 难以探测低速蠕动 |

　　与地表变形监测相比,深部变形监测具有更早发现滑坡内部异常变化的潜力。通过分析深部变形数据的变化规律,结合变形机制和诱发因素等条件,掌握滑面的活动特征和发展趋势,可在灾害发生之前及时有效预警。滑坡深部变形监测能够有效配合地表变形监测技术以达到立体化监测效果,实现滑坡发展演化过程的灵敏感知和灾害风险的早期预警。

　　滑坡深部变形监测设备通常贴合在滑体钻孔内并穿过滑面,具有较高的测量精度和时间分辨率,可高效获取钻孔周围岩土体的变形信息,尤其是滑面变形信息,有助于理解滑坡的启动机制和演化规律[100-102]。如表 1.4

所示,目前三种常见的滑坡深部变形监测技术包括测斜仪、阵列式位移计(shape acceleration array,SAA)和声发射(acoustic emission,AE)技术[19,103-105]。其他滑坡深部变形监测设备,如多点位移计、钻孔引伸计、拉线式位移计和时域反射仪(time-domain reflectometry,TDR)等存在一定的技术局限性,在滑坡现场监测中应用较少。

**表 1.4　滑坡深部变形监测技术及其特点**

| 监测技术 | 变形测量精度 | 时间分辨率 | 补充说明 |
|---|---|---|---|
| 测斜仪 | ±0.2 mm/m | 高,持续采集数据 | 量程一般小于 50 mm[106],能确定滑动方向和滑面深度,费用较高 |
| 阵列式位移计(SAA) | ±1.5 mm/30 m[107] | 高,连续监测 | 量程超过 100 mm[108],探测滑动方向和滑面深度,设备和软件昂贵 |
| 声发射(AE) | 0.01～400 mm/h[109] | 高,连续监测 | 量程超过 500 mm[106],成本低,灵敏度高 |
| 多点位移计 | 高 | 较高 | 滑面定位精度低,量程较小,不能确定滑动方向,费用较高 |
| 钻孔引伸计 | 0.01～1 mm | 高,连续监测 | 稳健性强,成本较低,对温度变化敏感,一维测量,最大量程 200 mm |
| 拉线式位移计 | 精度较低 | 较高,连续监测 | 定位滑面,不能确定滑动方向,成本较低,量程大 |
| 时域反射仪(TDR) | 毫米～厘米,精度随缆线增长而降低 | 高,连续监测 | 不能直接测量变形或变形率,能定位滑面,不能确定滑动方向 |

　　然而,滑坡深部变形常用的监测设备实际量程有限(如测斜仪)或价格相对较为昂贵(如 SAA),导致它们均不适合在现场广泛和长期应用[19,103,110]。测斜仪和 SAA 等高精度测量设备由各节含传感器的多节结构组成,可获取钻孔内各个深度位置的变形,但设备的价格与使用长度成正比,整套设备价格昂贵。测斜仪由于外部测斜管的刚性和脆性,当局部挤压或剪切位移达到数厘米时会发生过度弯曲或剪断,导致装置失效[111-113]。SAA 具有量程大、精度高和稳定可靠等优点,能够持续测量的深部位移超过数十厘米[103,108]。然而,昂贵的成本和复杂的操作方法限制了 SAA 的

广泛应用。此外,SAA 随着滑动过程逐渐在监测孔内上移,存在累积误差且不易消除[114]。"高端先进"的监测设备通常价格昂贵,并不适合我国滑坡隐患点数量庞大的国情,难以实现大规模应用。许多设备不能适应恶劣的野外环境,运行维护成本也较高。滑坡监测领域亟须发展新型技术解决深部变形的低成本、高灵敏和可持续监测问题。

相比于滑坡深部变形监测的常用设备(测斜仪和 SAA),声发射监测技术具有成本低、灵敏可靠和实时连续等特点,有潜力实现滑坡灾害的早期预警[47,115,116]。岩土声发射主要由裂缝发育、滑面发展或其他变形破坏过程中大量颗粒间的摩擦、碰撞和微破裂等相互作用产生,检测到声发射意味着岩土体发生了变形[37,117,118]。声发射出现在滑坡孕育期,伴随着滑坡变形破坏的全过程,对滑坡位移和速度的微小变化很敏感,声发射技术可以检测到滑坡的极缓慢变形。

然而,声发射技术一般用于监测岩质滑坡[119],土质滑坡的声发射监测研究较少。《滑坡防治工程勘查规范》(GB/T 32864—2016)和《崩塌、滑坡、泥石流监测规范》(DZ/T 0221—2006)均称:声发射技术适用于监测岩质滑坡,不适用于土质滑坡。这主要是因为土质滑坡变形破坏过程中产生的声发射事件较少、能量水平较低,声发射弹性波在土体(多孔材料)中传播衰减较快[120,121]。声发射波的高频部分(超过数千赫兹)在传播过程中易衰减,共振频率为 1 kHz 的传感器测得声发射波在黏土内传播的衰减系数为 30～90 dB/m[111]。声发射波的低频部分(数百到数千赫兹)易受环境噪声干扰,声音频带重叠导致噪声难以被分离。

为了避免声发射信号快速衰减和环境噪声干扰造成检测困难,研究人员一般采用金属管作为声学波导(以下简称波导)进行滑坡监测[122-126]。共振频率为 140 kHz 的传感器测得声发射波在波导管内传播的衰减系数为 4～9 dB/m[111],比在土体中低一个数量级。金属管周围灌浆而成的无源波导常用于岩质滑坡监测[127,128]。金属管和填充颗粒结合形成的有源波导常用于土质滑坡监测[116,126,129]。有源波导随着周围土体移动自身发生变形,颗粒-颗粒和颗粒-波导等相互作用后放大了声发射源的强度,激发了高水平的声发射信号,声发射信号沿着波导低衰减地连续传播并到达传感器[109,130]。有源波导声发射的主要频率范围在 20～30 kHz,可通过滤波选择性地采集特定频率范围内的声发射信号以排除环境噪声[47,126,129]。

综上所述,有源波导声发射技术有效克服了土质滑坡声发射事件少、能量水平低、衰减大和环境噪声等问题。滑坡声发射监测研究一般基于室内实验和现场试验,进而分析测量数据的变化特征和参数间的关系[47,116,131]。然而,声发射由大量颗粒相互作用产生,解释和量化高度复杂的声发射数据面临挑战[130,132,133]。声发射特征参数可用于初步量化土质滑坡的变形行为[47,50,129]。振铃计数(ring down count,RDC)是常用的特征参数,定义为声发射波形信号在一段时间内超过预先设定的电压阈值的次数[129]。滑坡速度增加造成单位时间内填充颗粒间相互作用的数量增加,进而采集到的振铃计数也会增加。振铃计数可用于识别滑坡速度的数量级变化[134],振铃计数与滑坡速度间的正相关关系可用经验公式描述[129]。

有源波导声发射技术逐渐成为受到认可的土质滑坡深部变形监测方法[47,116,127,135]。声发射技术具有时间分辨率高、成本低、灵敏度高和量程大(超过 500 mm)等特点,适用于土质滑坡深部大变形的连续实时监测,并且可基于经验公式量化深部变形行为[47,116,134]。土质滑坡声发射监测技术在英国、意大利、奥地利和加拿大等多个发达国家得到了成功应用[116,126,127]。然而,声发射信号与滑坡变形的响应关系受到许多条件的影响[111],经验公式并不是普遍适用的声发射数据定量解释方法,声发射监测设备和预警模型仍有许多问题需要认真研究并予以解决。

### 1.2.3 滑坡变形预警模型研究

滑坡预警模型的相关研究主要基于降雨和变形监测参数[136,137]。降雨是滑坡的重要诱发因素,气象部门经常同时发布暴雨和滑坡灾害的区域预警信息[138]。降雨阈值是针对特定地区的地质和水文条件提出的可能触发滑坡的最小降雨量,可通过降雨强度、持续时间、前期降雨量等参数和滑坡事件历史数据的统计关系确定[139,140]。基于降雨阈值的经验模型较为常用,但降雨预测精度不够、滑坡灾害时空分布不均、统计样本量不足以及地质条件的不确定性,导致经验模型在实际应用中面临许多困难[141,142]。降雨入渗导致滑面附近孔隙水压力增加和抗剪强度降低,孔隙水压力等地下水文参数与滑坡变形密切相关,可改进基于降雨阈值的预警模型[143]。但水文参数和滑坡变形也并不同步,预警的及时有效性难以得到保障[144]。

变形在滑坡过程中表现最为显著,是灾害及时有效预警的主要依据[54]。滑坡变形预警方法研究距今至少有 60 多年的历史。20 世纪 60 年代,日本滑坡专家斋藤迪孝提出了著名的三阶段蠕变理论和经验公式预测渐进式滑坡的失稳时间[48,51,52]。滑坡速度是主要预警指标之一,常根据速度的突然增加发出预警。但不同滑坡失稳前的运动速度存在很大差别,同一滑坡过程中的速度变化范围也较大[145]。著名的意大利瓦依昂滑坡速度经历了 0.06~33 mm/h 的变化,速度最大值和最小值间相差数百倍。由于缺少滑坡复杂机理的深入认识和滑坡失稳的实际监测数据,速度预警阈值的设定是一个难题,实际预警工作很难基于速度阈值开展。许多滑坡现场监测研究表明,滑坡失稳过程中的加速度变化特征显著,可根据加速度数值的突然跃升进行临滑预警,实际应用效果较好[54,80]。

　　滑坡变形预警方法分为定性和定量两类。定性方法采用的预警判据一般是监测参数的突变(快速增加或降低)和异常,对于滑坡实际预警工作的指导意义有限。定量方法一般基于物理模型或数据驱动模型,数据驱动模型在日常应用中占据主导地位。物理模型主要运用地质力学等方法分析滑坡过程的演变机理,需要获取地形、岩土和水文等真实的物理参数,实际应用难度较大[146]。数据驱动模型主要根据滑坡发生情况和相关因素的历史监测数据,通过统计分析得到滑坡灾害和相关因素间的关系。然而,滑坡的智能化预警模型还有待进一步探索,亟须攻克滑坡预警时间滞后和预警成功率不高等问题。机器学习技术的发展加速了数据驱动模型的研究和应用,部分解决了滑坡变形分析预警研究中的一些难点。

　　机器学习可以自动完成分类和回归等任务[147,148]。本书针对分类模型主要介绍随机森林、极限梯度提升和支持向量机三种算法;针对回归模型主要介绍极限学习机、多极限学习机集成、支持向量回归机和反向传播神经网络四种算法。这些算法将用于本书第 4 章和第 5 章的研究中。

　　集成学习方法是机器学习的一个分支,其将多种学习算法组合到一个预测模型中以达到卓越的性能[149]。集成学习对于自动分类任务非常有效,并且可以获得比传统机器学习方法更准确的预测结果[150]。集成学习包括三种方法:引导聚集法(bagging)、提升法(boosting)和堆叠法(stacking)。引导聚集法和提升法是两种最常用的技术[151],分别可以减少预测结果的方差和偏差,从而提高预测准确率。引导聚集法综合多个模型的预测结果以产生泛化性的结果,提升法将多个弱学习器组合成一个强学习器[152]。引导聚集法和提升法的应用通常基于树模型,即具有树结构的学习模型。随机森林(random forest,RF)和极限梯度提升(eXtreme gradient boosting,XGBoost)分别是被广泛使用的引导聚集和提升算法[153,154]。

　　随机森林(RF)采用随机配置的方式组合了多个独立的决策树[153]。

图 1.6(a)说明了随机森林分类模型的算法原理：首先随机选择特征和样本来创建数据子集,然后根据输入数据的不同子集生成一系列决策树,最后汇总这些决策树的单个预测结果并基于一定的规则产生最终预测结果。例如采用"最多投票数规则"从所有决策树中选择最普遍的预测输出,于图 1.6(a)而言即为 A 类。随机森林算法对于有缺失数据的不平衡数据集具有稳健性[155],并且可以在不显著增加计算量的前提下提高预测准确率。当模型在数据集里学习噪声达到损害其性能的程度时,就会发生过拟合[156]。随机森林在采样和特征选择过程中采用了随机操作,因而不易发生过拟合[153],预测新数据时可实现低泛化误差和高准确率。

极限梯度提升(XGBoost)算法因其在机器学习竞赛中的出色表现而在学术研究中受到广泛关注[154]。如图 1.6(b)所示,极限梯度提升分类算法的基础学习器是决策树,多个弱分类模型通过大量迭代组合成一个强分类模型。在决策树处理前,每个变量都被分配了权重。变量的权重在通过下一个决策树前被更新,重复这一程序持续到第 $n$ 个决策树。这些依次产生的分类模型组合起来形成可用式(1-2)表示的迭代累加模型,并输出最终预测结果。极限梯度提升算法计算速度快且准确率高,可进行简化以防止过拟合[157]。

$$\hat{y}_i^{(n)} = \sum_{k=1}^{n} f_k(x_i) = \hat{y}_i^{(n-1)} + f_n(x_i) \tag{1-2}$$

式中,$\hat{y}_i^{(n)}$ 表示第 $n$ 次迭代后样本 $i$ 的预测结果,$\hat{y}_i^{(n-1)}$ 表示前 $n-1$ 棵决策树的预测结果,$f_n(x_i)$ 是第 $n$ 棵决策树的函数。

支持向量机模型(support vector machine,SVM)常用于线性分类任务。支持向量机构建了一组超平面(维度比其主平面小 1 的子平面),为了最小化泛化误差,应该通过较大函数边距实现良好分离,即特征空间中超平面和训练数据点之间形成大间距[158]。图 1.6(c)展示了支持向量机算法的基本架构,其中输入层包含 $n$ 维向量 $x$,隐藏层包含使用核函数对 $N$ 个支持向量中的每一个与输入向量 $x$ 的乘积运算,决策函数 $y$ 输出 $N$ 个核内积的组合[159],如式(1-3)所示：

$$y = \sum_{i=1}^{N} a_i K(x, x_i) + b \tag{1-3}$$

式中,$y$ 是决策函数,$a_i$ 是系数,$K(x,x_i)$ 表示输入向量 $x$ 与支持向量 $x_i$ 的 $i$ 维核内积,$b$ 表示偏差。

径向基函数常被作为核函数用于修改支持向量机的结构以进行非线性

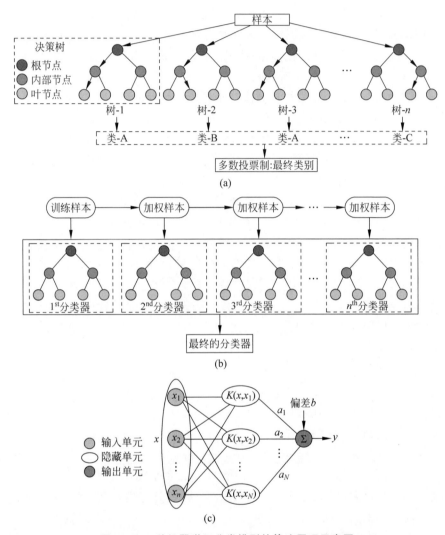

**图 1.6　三种机器学习分类模型的算法原理示意图**

(a) 随机森林(RF)；(b) 极限梯度提升(XGBoost)；(c) 支持向量机(SVM)

分类[160]。修改后的支持向量机适用于多类别分类任务，即样本被划分为
三类以上[161,162]。径向基函数如式(1-4)所示：

$$K(X,X') = \exp\left(-\frac{\parallel X - X' \parallel_2^2}{2\sigma^2}\right) \tag{1-4}$$

式中，$X$ 和 $X'$ 是两个输入样本向量，$\sigma$ 表示输入数据的标准偏差。

　　以上介绍了随机森林、极限梯度提升和支持向量机三种用于分类问题的机器学习算法,下面介绍极限学习机(extreme learning machine,ELM)、多极限学习机集成、支持向量回归机和反向传播神经网络四种算法用于解决回归问题。

　　极限学习机算法的基础是单隐藏层前馈神经网络,据报道极限学习机在回归问题的泛化性上表现较好[163]。给定一个由 $N$ 个任意样本组成的有限训练集 $D$,有:

$$D = \{ \boldsymbol{x}_i, \boldsymbol{t}_i \mid \boldsymbol{x}_i = [x_{i1}, x_{i2}, \cdots, x_{in}]^T \in R^n ,$$
$$\boldsymbol{t}_i = [t_{i1}, t_{i2}, \cdots, t_{im}]^T \in R^m , \quad i = 1, 2, \cdots, N \} \tag{1-5}$$

式中, $\boldsymbol{x}_i$ 表示输入参数, $\boldsymbol{t}_i$ 表示目标参数。

　　具有 $L$ 个隐藏神经元的单隐藏层前馈神经网络可建模表示为:

$$\sum_{i=1}^{L} \boldsymbol{\beta}_i g(\boldsymbol{w}_i \cdot \boldsymbol{x}_i + b_i) = \boldsymbol{t}_i , \quad i = 1, 2, \cdots, L \tag{1-6}$$

式中, $\boldsymbol{\beta}_i$ 表示隐藏节点 $i$ 与输出节点间的连接权重向量, $g(\ )$ 是激活函数, $\boldsymbol{w}_i$ 表示隐藏节点 $i$ 与输入节点间的连接权重向量, $b_i$ 是第 $i$ 个隐藏节点的偏差。

　　图 1.7(a)展示了极限学习机的典型结构,由输入层、隐藏层和输出层组成。随机分配输入层的权重和隐藏层的偏差,解析确定单隐藏层前馈神经网络的输出权重。极限学习机的计算速度已被证明比传统的神经网络算法更快[164]。

　　然而,极限学习机应用于小数据集的回归问题时预测误差可能较大[146]。为了克服单个极限学习机的这一局限性,有研究选取最小绝对值收敛和选择算子(least absolute shrinkage and selection operator,LASSO)对多个极限学习机的集成模型进行正则化处理以减少预测误差[165]。图 1.7(b)展示了名为 LASSO-ELM 的多极限学习机集成模型。LASSO 正则化压缩了不重要变量的系数,筛选得到较少的变量,降低回归模型复杂度以避免过拟合。式(1-7)表示多个极限学习机的集成模型,式(1-8)表示 LASSO 正则化处理。

$$\bar{\boldsymbol{y}}_i = B + \sum_{p=1}^{n} \boldsymbol{y}_i^p A_p \tag{1-7}$$

$$\min_{B, A_p} \left\{ \sum_{i=1}^{N} \left( \bar{\boldsymbol{y}}_i - B - \sum_{p=1}^{n} \boldsymbol{y}_i^p A_p \right)^2 \right\} \tag{1-8}$$

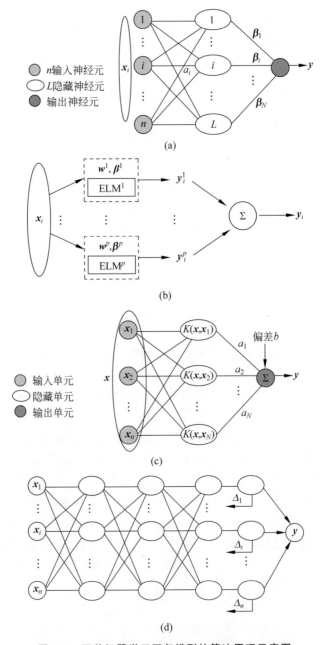

**图 1.7　四种机器学习回归模型的算法原理示意图**

（a）极限学习机（ELM）；（b）多极限学习机集成（LASSO-ELM）；

（c）支持向量回归机（SVR）；（d）反向传播神经网络（BP-NN）

式中，$A_p$ 和 $B$ 分别表示线性集成模型的权重和截距，$\bar{y}_i$ 是目标向量，$y_i^p$ 是来自第 $p$ 个 ELM 的预测向量。

　　如前所述，支持向量机（SVM）是经典的用于分类问题的机器学习模型，而支持向量回归机（support vector regression，SVR）模型可用于回归问题。给定训练集 $\boldsymbol{D} = \{(\boldsymbol{x}_1, t_1), (\boldsymbol{x}_2, t_2), \cdots, (\boldsymbol{x}_m, t_m), t_i \in R\}$，支持向量回归机经过训练获得回归函数 $f(\boldsymbol{x})$，使得 $f(\boldsymbol{x})$ 和目标 $t_i$ 间的差异尽可能小。支持向量回归机如图 1.7（c）所示，输入层包含 $n$ 维向量 $\boldsymbol{x}$，隐藏层包含对 $N$ 个支持向量 $\boldsymbol{x}_i$ 中的每一个与输入向量 $\boldsymbol{x}$ 间使用核函数做乘积运算，最终的决策函数 $f(\boldsymbol{x})$ 作为 $N$ 个核内积的组合结果输出[159]。核函数选用径向基函数，经核函数修正后的支持向量回归机可用于非线性回归和预测任务[160,162]。

　　反向传播神经网络（back propagation neural network，BP-NN）是指含有三层或三层以上的多层神经网络，每一层由若干个神经元组成，如图 1.7（d）所示。当输入特征进入网络后，输出层接收到经输入层和隐藏层传播而来的神经元激活值，各个输出神经元都会产生与输入特征相关联的响应。随后按照减小期望输出和实际输出间误差的原则，从输出层到输入层反向逐层更新连接权重。随着误差不断反向传播和训练，输出值的准确率逐渐提高。为实现反向传播神经网络稳定的输出和较快的计算速度，本研究选择整流线性单元（rectified linear unit，ReLU）函数作为重新激活函数。

　　机器学习模型需要选取合适的参数或参数组合以达到最优效果，可采用网格搜索和交叉验证（grid search and cross validation，GridSearchCV）方法进行模型参数的自动调节。GridSearchCV 自动调参方法将会在本书第 4 章和第 5 章中大量运用。

　　网格搜索（grid search）是指在设置的备选参数网格中进行自动搜索，通过循环遍历尝试每一种参数组合，返回最优效果的参数组合。交叉验证是将训练集分成多个较小的子集，训练后的模型由各个子集轮流进行验证，可防止模型过拟合[166,167]。举例而言，5 折交叉验证（5-fold cross validation）是一种常见的划分数据集并确定模型合适参数的方法（图 1.8）。5 折交叉验证首先将数据集分为训练集和测试集；然后将训练集分为 5 组，每次调完参数后都训练 5 次，每次训练选择 1 组作为验证集，其他 4 组整体作为训练集；最后用 5 次验证的平均结果代表该参数取值下的模型性能指标，确定合适的模型参数，并用测试集测试模型。

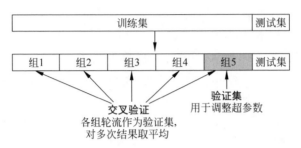

图 1.8　机器学习模型的 5 折交叉验证方法示意图

## 1.2.4　研究现状总结

滑坡成因机理复杂,但是本质上都属于斜坡运动。滑坡运动一般符合三阶段变形演化规律,失稳破坏之前会经历从慢到快的速度变化过程,滑坡速度分级标准给出了速度快慢的定量描述。加速变形行为是滑坡临界滑动的前兆现象,加速度可作为滑坡早期风险预警指标。

任何单一的滑坡监测技术都会存在某种性能(成本、测量精度、时间分辨率、灵敏度或可靠性等)上的不足,不能为滑坡预警提供充分信息。一般认为,多种技术综合监测是克服单一技术局限性的有效途径。现有的滑坡变形监测技术主要针对地表变形,容易受到多种因素的干扰,较难反映滑面的形成发展状态,对早期预警的支撑能力不足。滑坡深部变形监测能够获取滑面的动态演变信息,具有更早发现灾害前兆的能力,为稳定性评估提供了重要依据。但现有的深部变形监测设备存在量程有限、价格昂贵或操作复杂等不足,仍需加强新技术研究和新设备研发。由于监测成本的约束,我国滑坡专业监测的实施数量和覆盖范围非常有限,研究发展灵敏可靠且造价低廉的监测技术对于逐步扩大滑坡监测覆盖面十分必要,声发射技术可作为高性价比深部变形监测技术研究发展的目标方向。

有源波导声发射技术较好解决了土质滑坡中声发射事件少、能量低、衰减大和易受噪声干扰等问题,具有性价比高、灵敏可靠和量程大等优势,有潜力发展成为一种普适型深部变形监测技术。通过声发射数据持续监测和经验公式计算能够初步量化滑坡速度。然而,颗粒材料相互作用产生的声发射信号高度复杂,而且目前的声发射监测系统容易受到多种内外部条件的影响,声发射数据的通用解释模型和滑坡变形行为的自动量化方法需要更加深入的研究。

基于滑坡机理、诱发因素和地质工程的研究已经形成了多种滑坡预警模型,例如变形趋势模型、力学分析模型和阈值模型等。变形演化规律是滑坡预警的基本依据,主要分析变形趋势和突变特征,进而采用阈值触发等方法发布预警。但是每个滑坡存在个性特征,并且受到外界因素的影响而随时间动态变化,难以确定长期可用或普遍适用的预警阈值。此外,学者们在滑坡变形阶段划分上存在争议,现有变形预警模型实际应用的有效性和可靠性难以得到保障,建立广泛适用的预警模型仍是难题,相关研究逐渐向滑坡风险评估和管理的方向发展。

滑坡监测数据的处理分析对于有效预警意义重大。然而,滑坡实际监测数据质量参差不齐,数据分析依靠人工且缺乏标准,分析结果有较大的不确定性。滑坡监测数据大多未实现自动处理和快速分析,先进的机器学习技术与地质工程交叉融合的智能化预警模型有待进一步研究探索,预警模型尚未实现自动化运行并输出简明结果。这些问题阻碍了滑坡预警模型的成功应用,需要认真研究并予以解决。

## 1.3 本书研究内容

滑坡深部变形监测能够获取灾害演化过程的早期前兆信息,但现有技术存在价格昂贵、量程小和操作难等问题。声发射技术初步实现了低成本和高灵敏度的深部变形监测,但声发射参数变化规律、数据分析模型和监测设备等方面仍然存在不足,制约了声发射技术在滑坡监测领域的发展和应用。

为了改进现有研究的不足并推动声发射监测技术的发展,本书主要研究滑坡深部变形行为(位移、速度和加速度)的声发射响应规律、自动分析模型及简易监测设备。本书主要研究内容和技术路线如图 1.9 所示,全书共分 6 章:第 1 章介绍滑坡变形监测预警的研究背景和国内外研究现状;第 2 章详细介绍滑坡深部变形声发射监测技术的相关研究,具体指出监测技术、监测设备和分析方法上存在的一些不足;第 3、4、5 章针对当前研究的不足,开展实验分析、模型设计、设备研发和现场试验等一系列循序渐进的研究,部分解决现有研究存在的问题;第 6 章是本书研究的总结和展望。

第 3 章、第 4 章和第 5 章是本书的核心研究内容,概述如下。

### 1. 第 3 章:滑坡深部变形行为声发射监测实验研究

本章设计并搭建推移式土质滑坡模型实验装置,采用速度控制方法模

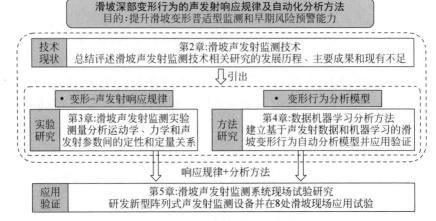

**图 1.9　本书的主要研究内容和技术路线**

拟三阶段变形过程,开展多种声发射监测系统的对比实验。本章研究滑坡变形过程中的运动学(位移、速度和加速度)、力学(推力和阻力)和声发射参数(振铃计数)的变化规律,分析参数间的相关关系,研究声发射参数与边坡稳定性的关联。

### 2. 第 4 章：滑坡变形声发射监测数据分析模型研究

本章运用机器学习模型分析声发射监测数据,建立滑坡运动状态分类模型和滑坡位移预测模型。本章提出滑坡运动状态分类的流程化方法,采用分类模型基于声发射数据自动识别滑坡运动状态(速度和加速度)。此外,本章提出滑坡位移预测模型,根据声发射和降雨量数据自动预测(量化)滑坡位移。本章将机器学习分析模型在室内滑坡实验和现场监测数据集上应用验证,提出滑坡风险预警策略。

### 3. 第 5 章：滑坡声发射监测系统现场试验研究

本章提出具有标准化结构的声发射监测单元,研发新型阵列式声发射监测设备,实现声发射和深部变形的一体化同步测量。本章发展声发射监测系统并应用于多处不同类型的土质滑坡现场试验,利用机器学习模型分析声发射监测数据,自动生成滑坡运动状态分类和滑坡位移预测结果。

# 第 2 章　滑坡深部变形声发射监测技术

## 2.1　本章引论

声发射是一种弹性波,常见的产生机制包括材料变形断裂、泄露、裂纹扩展、碰撞和摩擦等相互作用[94,168]。声发射技术是指采集并分析声发射信号以推断材料的变形、损伤或破坏情况[169,170]。声发射技术广泛应用于管道和压力容器的无损检测[171,172]、钢筋混凝土的腐蚀退化识别[173]、岩体稳定性分析[174-176]和机械磨损评估[177]等。声发射技术是岩质滑坡监测的重要手段之一,一般将金属管作为无源波导通过灌浆嵌入岩体钻孔中,声发射信号主要由岩体内部结构变形破坏产生[127]。然而,声发射技术在土质滑坡监测的应用中面临挑战。土体中声发射事件少、能量水平低,信号传播衰减大且容易受到环境噪声的干扰。这些问题在以往的研究中得到了不同程度的解决。

本章将详细综述与土质滑坡声发射监测技术相关的国内外研究现状,介绍土质滑坡声发射监测技术的发展历程、有源波导声发射监测系统、声发射信号测量、声发射监测技术的现场应用和实验研究、滑坡变形-声发射关系的影响因素和量化方法等。本章的目的是识别现有研究的不足和知识的空白,为本书后续章节的研究内容提供指引和依据。

## 2.2　土质滑坡声发射监测技术

### 2.2.1　声发射监测技术发展历程

声发射技术在土质滑坡监测中的应用已经有 50 多年的历史,然而,声发射监测在很长一段时间内只能提供边坡稳定性相关的定性信息[178]。如表 2.1 所示,土质边坡的稳定性和声发射信号水平存在对应关系。例如,滑坡破坏前经历了加速变形和快速剪切,频繁出现高水平声发射信号[174,179]。然而,根据声发射水平高低定性判断边坡稳定性的方法不能有效识别和定量评价声发射参数和滑坡变形状态间的关系,声发射数据的解释和滑坡变形行为的量化方法有待发展。

表 2.1　基于声发射信号的土质边坡稳定性判断[178]

| 声发射信号水平 | 边坡稳定性 | 响应措施 |
| --- | --- | --- |
| 极低水平或没有 | 无变形,稳定 | 无 |
| 中等水平 | 轻微变形,基本稳定 | 持续监测 |
| 高水平 | 严重变形,不稳定 | 采取维护措施 |
| 极高水平 | 大变形,破坏状态 | 应急措施,人员疏散 |

　　在土质滑坡体中钻孔埋入金属波导管作为传声介质可以比较有效地获取声发射信号[178],称之为"无源波导"。金属波导管将声发射信号从土体内部传递到位于地表的传感器,以降低声发射信号传播过程中的衰减。然而,无源波导采集的声发射由土体本身产生,不能解决声发射源强度较弱的问题。大部分土质边坡产生的声发射能量水平较低,经过传播衰减后难以被传感器捕捉。此外,不同土体产生的声发射差异很大,声发射信号的解释非常困难。土质滑坡和岩质滑坡的变形行为和声发射产生机制不同,相应的监测设备类型也应该不同,无源波导不适合土质滑坡监测。

　　英国拉夫堡大学研究团队开展了大量实验研究和现场监测工作[47,116,121,126,129,134],推动了土质滑坡声发射监测研究向定量化发展。Dixon 等[131]提出将发出"嘈杂"(noisy)声响的颗粒材料与金属管相结合形成"有源波导",颗粒材料常用粗粒度坚硬岩石颗粒。Dixon 等[129]研发了滑坡声发射监测系统(图 2.1),可以长期在野外环境中连续监测滑坡。声发射监测方法是将金属波导管垂直安装在穿过滑面的钻孔中,在金属管和钻孔壁间的环形空隙内填充足量颗粒材料并分层压实。滑坡变形导致填充颗粒柱受到剪切和挤压作用,进而引起颗粒材料间以及颗粒材料和波导间发生相互作用,有源波导自身发出高能量的声发射信号。声发射信号的频率范围约为 20～30 kHz,选用对该频率范围敏感的传感器,过滤掉该频率范围之外的信号,可以有效排除环境噪声。声发射参数是滑坡深部变形的间接测量数据,利用声发射参数量化变形一般需要用实际变形数据做标定,现有方法是在滑坡现场声发射设备的附近位置另外钻孔,同步安装测斜仪或 SAA 等高精度深部变形测量设备。

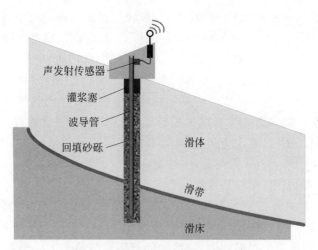

图 2.1　滑坡声发射监测系统示意图

## 2.2.2　有源波导声发射信号测量

有源波导内填充的颗粒材料相互作用后产生声发射弹性波,弹性波沿着波导管向上传播并被传感器所采集,传感器利用压电效应将波导管表面的机械振动(位移或速度)转换为电压信号,电压信号经过处理后被存储下来,进而开展信号分析[168]。下面对有源波导声发射信号的产生、传播和采集处理进行详细介绍。

有源波导安装在滑坡体内并穿过滑面,滑坡变形时,有源波导主要在滑面处受到剪切和挤压作用,产生的变形量最大并发出大量高水平的声发射。声发射的主要产生机制如下[117,180]:金属管的剪切和弯曲应变;颗粒材料与金属管界面的摩擦和剪切;颗粒间的摩擦、碰撞,颗粒接触应力释放和应力重新分布,以及高接触应力下颗粒表面突起处的破碎等。颗粒性质影响声发射信号的特征,棱角显著的粗大颗粒产生的声发射能量水平较高。声发射的强弱还与颗粒间的应力状态密切相关,高接触应力颗粒间的相互作用产生高振幅的声发射事件[117]。

颗粒材料剪切过程中声发射机理的主要研究方法是同时进行力学和声发射参数测量,并建立声发射参数与力学行为间的关系[181-183]。颗粒材料剪切过程中的主要表现是"粘滞-滑动"(stick-slip)力学行为[184-186]。在颗粒材料圆柱形试样匀速直接剪切实验中,剪应力较长时间近似线性增加为"粘滞"事件,颗粒材料的法向位移和体积基本不变,结构相对稳定,积蓄弹性能；剪应力快速下降为"滑动"事件，颗粒材料的法向位移和体积发生较大变化，结构发生重组，颗粒间的力链被打破，释放出大量弹性能，发出高水平的声发射[187]。直接剪切过程中，应力-应变曲线的阶跃变化特征表明颗粒材料结构的剧烈变化仅在滑动事件中发生。如果颗粒材料剪切过程的总位移一定，较高的剪切速度会造成颗粒间发生相互作用的时间减少，从而导致声发射事件数和总能量有减少的趋势。粘滞-滑动现象随着法向应力增加而变得更加明显，表现为粘滞-滑动事件持续的时间增长，并且剪应力突然下降的幅度增大。声发射率（单位时间内的振铃计数）越大，表明颗粒间的相互作用越强烈，颗粒结构越不稳定。

颗粒材料产生的声发射信号在周围介质的传播过程中发生衰减。声发射在土壤散体中传播时衰减显著，因为弹性波从一个颗粒传播到另一个颗粒，当能量到达两个颗粒的边界时，一部分能量传给了下一个颗粒，其余部分的能量被反射回原颗粒，造成能量传递效率低[188]。根据文献[178]中的图5，声发射在金属中的衰减系数要比在土体中小几个数量级。声发射信号的频率越高，在某一材料中传播的衰减系数越大。土质滑坡监测应使用金属管为声发射波提供低衰减的传播路径，同时要考虑声发射频率的影响。

声发射弹性波沿金属圆管（圆柱壳体）的传播模式受到波的频率、圆管的几何性质和内外部环境的影响，圆管中波的衰减由几何扩展、边界处损失和连接处散射等引起[189-191]。低频弹性波（波长 $\lambda$ 远大于管径 $d$ 和壁厚 $t$）在圆管中的传播模式为纵波、弯曲波和扭转波[192]。高频弹性波（波长 $\lambda$ 远小于管径 $d$ 和壁厚 $t$）在圆管中的传播模式为纵波和横波，在圆管表面以瑞利波的模式传播[193]。声发射弹性波衰减系数 $\alpha$ 的计算公式如下：

$$A = A_0 e^{-\alpha x} \tag{2-1}$$

$$\alpha = -\frac{1}{x} \ln \frac{A}{A_0} \tag{2-2}$$

$A$ 表示距离声源 $x$ 处的波衰减后的振幅值，$A_0$ 表示声源处的信号振幅值，$e$ 是纳皮尔常数（Napier's constant）。衰减系数的单位是纳皮尔每米（Np/m）或更常用的分贝每米（dB/m），两种单位之间存在近似换算关系：

$$1 \text{ Np} = \frac{1}{20 \log_{10} e} \text{dB} \approx 0.1151 \text{ dB} \tag{2-3}$$

滑坡监测中常用压电传感器采集声发射信号。谐振式压电传感器对一定频率范围内（对应于谐振频率）的弹性波有强烈响应，灵敏度高[120]，能够最大限度地减少电子噪声的影响并提高信噪比。声发射传感器采集的电压信号先经过放大器放大,随后进入采集卡处理,最后在计算机中得到分析。

　　声发射信号分析方法主要包括波形分析和特征参数分析,波形分析方法面临许多挑战。声发射波形分析的目标是获取与声发射源物理机制有关的信息[194],但声发射源常常比较微弱。此外,声发射信号是声发射源、传播介质(声波传播的介质)、耦合介质(传播介质与传感器接触界面间的耦合剂)和换能元件(压电传感器)等多种因素综合作用的最终结果,波形分析方法的主要难点是声发射产生、传播和检测过程中的许多因素不确定。首先,声发射源的机制不尽相同,生成的弹性波在性质上存在差异,很难研究清楚不同弹性波的性质。其次,弹性波通过传播介质和耦合介质到达传感器,两种介质的传播特性和波型转换等问题还有待明确。最后,传感器的灵敏度和带宽等特性也会影响波形分析,常用的高灵敏度声发射传感器普遍是谐振式,对信号起到了窄带滤波的作用,过滤掉了许多波形信息。采集到的声发射波形信号非常复杂,与真实声发射源信号有较大差异。此外,由于声发射波形文件的数据量大,容易达到监测设备存储容量的上限,波形分析方法不适合应用于滑坡现场监测。

　　声发射波形经过计算提取可以得到特征参数,特征参数分析方法被广泛应用[168]。图 2.2 展示了由声发射波形信号简化而成的特征参数,主要包括门槛电压(voltage threshold)、撞击(hit)、振铃计数(ring down count,RDC)、幅度(amplitude)、持续时间(duration)、能量(energy)、有效值电压(root mean square,RMS)、平均信号电平(average signal level,ASL)和到达时间(arrival time)。门槛电压是人工预先设定的电压阈值,主要是为了消除环境噪声的影响。撞击是指出现超过门槛电压的任一信号,一般用撞

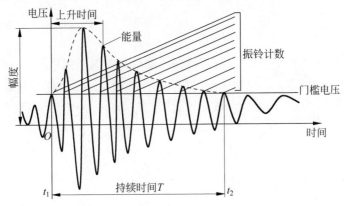

图 2.2　声发射特征参数的物理意义[168]

击数反映声发射活动的频繁程度。振铃计数是波形在一定时间内超过门槛电压的次数,反映声发射事件的强度和频率,是本书中最常用的声发射参数。幅度是声发射波形的最大振幅值,单位是分贝(dB),与声发射事件的强弱直接相关。持续时间 $T$ 是指信号首次超过门槛电压 $t_1$ 时刻到末次降至门槛电压 $t_2$ 时刻之间所跨越的时间间隔,即 $T=t_2-t_1$。能量是波形信号在持续时间 $T$ 内的积分,计算方法是信号包络线与时间坐标轴围成的面积,反映声发射能量的相对强度。有效值电压是指一定时间内信号的均方根值(RMS),单位是伏特(V)。平均信号电平是指一定时间内声发射对数信号的平均值,单位是分贝(dB)。到达时间是声发射波抵达传感器并被接收到的时间,常用于声发射源的定位。

计数法是声发射特征参数分析的常用方法,计算方式分为计数率和总计数,计数率是总计数在一段时间内的平均值。对于一个声发射事件,传感器能采集到的总计数可表示为:

$$N = \frac{f_0}{\beta} \ln \frac{V_p}{V_t} \tag{2-4}$$

其中,$f_0$ 是传感器信号响应的中心频率,$\beta$ 是声发射波的衰减系数,$V_p$ 是峰值电压,$V_t$ 是门槛电压。

能量法是声发射特征参数分析的另一种方法,能量一般采用均方电压或均方根电压来度量。声发射信号 $V(t)$ 的均方电压 $V_{MS}$ 和均方根电压 $V_{RMS}$ 可表示如下:

$$V_{MS} = \frac{1}{T} \int_{t_1}^{t_2} (V(t))^2 \, dt \tag{2-5}$$

$$V_{RMS} = \sqrt{V_{MS}} = \sqrt{\frac{1}{T} \int_{t_1}^{t_2} (V(t))^2 \, dt} \tag{2-6}$$

式中,$T$ 是持续时间,$V(t)$ 是随着时间不断变化的电压信号。

均方根电压 $V_{RMS}$ 反映了声发射信号的功率,声发射信号的能量 $E$ 与均方电压 $V_{MS}$ 对时间的积分成正比,信号在 $t_1 \sim t_2$ 这一段时间内的总能量 $E$ 可表示如下:

$$E \propto \int_{t_1}^{t_2} (V_{RMS})^2 \, dt = \int_{t_1}^{t_2} V_{MS} \, dt \tag{2-7}$$

总能量 $E$ 的单位是焦耳(J),代表了声发射事件的强度和水平。声发射的能量与被测材料的变化直接相关,反映了声发射源的变形机制和机械能。

## 2.3　滑坡声发射监测技术验证

### 2.3.1　滑坡现场监测

滑坡现场监测指在真实地质环境下检验声发射技术和设备的应用效果,并获得有效的变形和声发射数据,是验证声发射监测技术的重要方法。拉夫堡大学研究团队开展了多处滑坡现场监测,其中多数滑坡未发生显著变形,英国 Hollin Hill 滑坡的变形比较明显,研究主要基于 Hollin Hill 滑坡的现场监测数据展开。

虽然一些滑坡监测获取的变形量较小,但拉夫堡大学研究团队仍然发现了有意义的现象。Dixon 等[131]通过 Arlesey 滑坡现场监测试验发现,有源波导声发射技术比传统测斜仪更早探测到了微小变形。Dixon 等[131]在 Cowden 滑坡现场监测的研究过程中发现,声发射能量随着滑坡位移的增加而增加,且变化趋势相似;测斜管被剪断导致测斜仪无法使用,但声发射监测设备能够继续获取数据。

下面重点介绍 Hollin Hill 滑坡的基本情况、监测数据和研究成果。Hollin Hill 滑坡位于英国北约克郡(North Yorkshire),北纬 54°06′40″,西经 0°57′34″,海拔 55~100 m,底部为基岩,上部为土壤。滑面深约 1.5~4 m,属于浅层复活滑坡,每年的位移量为数百毫米。英国冬季降雨多,引起滑面附近孔隙水压力升高,滑坡运动表现出季节性特点[129]。文献[126]中图 2 展示了 Hollin Hill 滑坡上监测设备集群的分布情况,一共有三个集群(Cluster),其中集群 2(Cluster 2)和集群 3(Cluster 3)中都安装了有源波导声发射监测设备。有源波导安装在直径 130 mm、深 6 m 的钻孔内,安装方法是先将钢管放置在钻孔中心,再往钢管和钻孔壁间的环状空隙内填充粒径 5~10 mm 的砂砾,并分层压实。2010—2016 年,声发射监测设备在滑坡现场连续运行并获取数据。Hollin Hill 滑坡的滑面在整个监测期间发生了超过 400 mm 的大变形,但声发射设备仍能正常工作,表现出对深部大变形的适用性。2014 年,研究人员在声发射设备附近位置钻孔并安装了阵列式位移计(SAA),提供深部变形连续测量数据与声发射连续数据进行比较[126]。降雨数据来自 Hollin Hill 滑坡附近气象站。Hollin Hill 滑坡的部分监测数据被用于第 4 章以验证机器学习分析模型。

首先,本节比较声发射连续数据和滑坡变形不连续测量数据。2010—

2012 年,采用活动式测斜仪定期测量 Hollin Hill 滑坡深部变形。如文献[129]中图 7 所示,累计振铃计数曲线出现两次"S"形增长,推测滑坡发生了两次运动事件[129]。其他复活滑坡也出现过类似的"S"形位移曲线[38,195]。根据文献[129]中的图 9,振铃计数曲线呈现出典型的"钟形",类似于对数正态分布,表明滑坡的变形特点是先迅速加速后较慢减速,符合复活滑坡速度的典型变化特征[196]。滑坡速度"钟形"曲线主要由孔隙水压力升降引起:滑面附近孔隙水压力的升高导致滑体抗剪强度降低,下滑力大于抗滑力,产生了初始加速度,速度快速增加并达到峰值;随着孔隙水压力的消散和抗滑阻力的增加,滑坡速度逐渐减小并趋于稳定。

　　其次,本节比较声发射连续数据和滑坡变形连续测量数据。SAA 能获取连续的深部变形数据,更适合与连续的声发射数据进行比较。SAA 获取了 Hollin Hill 滑面附近的深部位移数据并计算得到了滑动速度,声发射监测设备获取了振铃计数和累计振铃计数[126]。滑坡速度和振铃计数曲线采用了 10 h 移动平均处理,即计算测量值前 5 h 和后 5 h 的平均值。分析文献[126]中图 5、图 6 和图 8 发现,滑坡位移和累计振铃计数的变化趋势一致,滑坡速度和振铃计数的变化特征相似。数据分析发现声发射率(单位时间内的振铃计数)和滑坡速度成正比(见文献[126]中图 9)。声发射监测技术可以提供滑坡速度的连续信息,对位移和速度的微小变化非常敏感。

　　最后,本节量化滑坡速度和声发射率间的关系。Dixon 等[129]提出了有源波导声发射率($AE_{rate}$)和滑坡速度($Velocity$)间的定量关系式:

$$AE_{rate} = C_p \times Velocity, \quad C_p = f(variables) \tag{2-8}$$

有源波导声发射参数主要响应于滑坡速度,速度升高引起单位时间内颗粒-颗粒和颗粒-波导相互作用数量的增加,即声发射事件数量的增加。这些声发射事件混合在一起沿着波导传播,并被传感器所采集。因此,声发射率和滑坡速度近似成正比,比例系数 $C_p$ 反映了声发射监测系统的灵敏度。然而,$C_p$ 受很多因素影响,比如信号放大程度、预设的电压阈值、传播过程中的衰减和有源波导的性质等,这些将在 2.4.1 节中讨论。尽管滑坡在声发射设备应用期间发生了变形,但没有监测到显著的失稳迹象,无法确定临界滑动时声发射参数的预警阈值。

## 2.3.2　滑坡模型实验

　　滑坡发生失稳的时间难以确定,很难在滑坡现场获取失稳时的声发射监测数据。人工建造大尺寸斜坡并通过降雨或开挖坡脚等方式诱发滑坡的成本很高,实验过程也存在较大的不确定性。物理模型实验的可控性强,降低了滑坡实验过程中的不确定性,并且能够控制滑坡失稳破坏的进程,加载速度和累计位移比现场监测数据的变化范围更大,可以研究更多更复杂的情况。

Dixon 等[134]利用有源波导开展了一系列的匀速压缩实验,将加载速度设置为快速(1.1 mm/min)、中速(0.1 mm/min)、慢速(0.018 mm/min)和很慢(0.0018 mm/min),速度间有数量级的差异,实验产生的声发射率也存在数量级的差异,声发射率和速度成正相关,如文献[134]中图 3 所示。在某一恒定速度下,围压(即颗粒间接触应力)随时间的逐渐增大导致声发射率的增加。实验表明,可利用声发射率的数量级差异区分速度的数量级差异,基于这一关系可初步量化滑坡速度。

Smith[111]参照"钟形"曲线利用速度动态控制方法开展有源波导的剪切实验。实验的双区剪切机制与真实滑坡的剪切模式存在较大差异,但参数的变化趋势具有参考价值。实验发现声发射率和加载速度在低速范围内存在较强的线性正相关,但是二者关系在速度较大的情况下可能变成非线性。压缩或剪切等不同加载机制对速度和声发射率间的关系没有显著影响。声发射率对速度变化非常敏感,声发射率随着速度的增加而显著增加。文献[111]表明不同颗粒材料得到了类似的声发射率-速度线性关系,但正如文献[111]所示,不同颗粒材料得到的线性关系的比例系数不同,比例系数越大的颗粒在相同剪切速度下产生的声发射率越大。颗粒粒径分布和棱角数量等因素都会影响比例系数,粒径越大、棱角越多、级配分布越均匀的颗粒材料得到的比例系数越大。级配分布均匀的颗粒材料空隙比低,小颗粒填充在大颗粒间的空隙使得颗粒间的接触更充分。

Smith 等[47]搭建了滑坡剪切模型实验装置,以模拟滑坡首次破坏过程,验证声发射技术对首次滑动的早期探测能力。实验过程中新生滑面逐渐形成、发展并最终破坏,滑体发生加速运动,最大速度超过 300 mm/h,最大位移超过 50 mm,速度和位移的变化范围比滑坡现场试验和有源波导压缩或剪切机理实验都更大。剪切模型实验箱包括上下叠放的两个混凝土块,每个混凝土块的外部尺寸为 1.0 m × 0.7 m × 0.7 m。下部箱体固定在地板上以保持静止,上部箱体可以水平移动。上下箱体中间是 0.3 m × 0.3 m 的贯通孔,孔内填充黏土并压实,有源波导和阵列式位移计(SAA)安装在黏土柱内。实验通过液压加载装置对上部箱体施加拉力,水平牵引上部箱体移动并引起黏土柱的剪切变形。有源波导填充的颗粒材料包括:实验 1、实验 2 和实验 3 中的石灰石砾石(LSG)、实验 4 中的莱顿巴泽德砂(LBS)和实验 5 中的花岗岩砾石(GG)。

Smith 等[47]将滑坡加速破坏过程分为八个变形加载阶段,每个阶段设定一个固定速度,速度依次递增,最终加载出加速变形曲线。滑坡实验在位移控制下加载完成,实验采集了连续的声发射和变形数据。图 2.3 展示了五组实验的滑面位移变化,从实验 1 到实验 3,前两个变形加载阶段的持续时间逐渐增加,而实验 3 到实验 5 的加载过程保持不变。每组实验的声发射监测系统都有两种设置,一种将电压阈值设置为 0.25 V,另一种设置为 0.1 V。对于任何给定的声发射事件,电压阈值设置较低的系统将记录到更多次数的声发射率。滑坡剪切模型实验的数据将用于 4.2.2 节以验证机器学习分类模型。

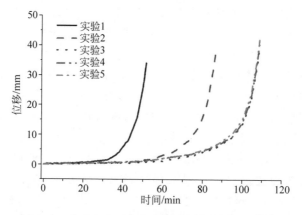

**图 2.3　滑坡剪切模型实验中滑面位移的变化[47]**

滑坡剪切模型实验得到了声发射率和滑动速度间的关系[47]。线性拟合描述了较低速度状态下(小于 100 mm/h)声发射率-速度关系,三次多项式拟合得到了更加准确的强相关关系,总体上声发射率和速度成非线性正相关。声发射率-速度关系曲线斜率的增加是因为颗粒材料围压(颗粒间接触应力)随剪切位移增加而增大。虽然不同颗粒材料得到的声发射率和速度间都是正相关关系,但声发射率的大小存在差异,甚至有数量级的差异。花岗岩砾石产生的声发射率最大,并且在位移量不到 1 mm 时就最早产生可检测的声发射信号。实验中采用声发射率预测(量化)滑坡速度的误差

（实际测量值和计算预测值间的差异）小于一个数量级，速度预测结果可进一步用于滑坡速度分级标准（表 1.2），参照速度临界值设置对应的声发射率阈值并提供预警建议。

## 2.4　滑坡变形-声发射关系分析

### 2.4.1　声发射信号的影响因素

滑坡变形过程中有源波导系统产生的声发射信号受到系统变量的影响，影响因素主要包括波导长度和测量灵敏度。波导长度取决于滑面深度，滑面越深则使用的波导越长，声发射信号在传播过程中衰减越大。为了探测到低振幅信号，必要时需要调低声发射监测系统预设的电压阈值以提高测量灵敏度。

#### 1. 波导长度

Smith[111]将多节钢管相连，通过架空和埋地两种方式开展了空气-波导-空气和空气-波导-土壤三层系统的声发射实验对比。实验利用模拟声源在钢管一端产生可重复的声发射信号，在钢管上的不同位置测量振铃计数以评估声发射信号的衰减程度。无论钢管是架空还是埋地，实验检测到的振铃计数随着钢管长度增加而线性减少，据此推测声发射衰减与传播距离成线性负相关，衰减系数与声发射源的幅度、预设的电压阈值无关。空气-波导-土壤三层系统中钢管上的声发射衰减最大，空气-波导-空气中的高质量连接（润滑并拧紧）钢管上的声发射衰减最小。钢管间的连接方式和连接次数很大程度上会影响声发射的衰减程度，钢管间连接越紧密、连接次数越少，声发射衰减越小。对于不同岩土颗粒的空气-波导-土壤三层系统，岩石颗粒覆盖的钢管上声发射衰减系数约为 2.78 dB/m，细颗粒土覆盖的钢管上声发射衰减系数约为 4.75 dB/m。声发射振幅随着传播距离增加而降低，声源振幅剩余的比例和传播距离间的关系如文献[111]的图 8.15 所示。如果声发射源的振幅足够大，则信号传播距离可达 20 m。高振幅声发射通常由"粘滞-滑动"行为和接触应力释放等机制产生，而不是滑动或滚动摩擦。滑面较深时，有源波导应采用大粒径、多棱角的坚硬颗粒填充，并适当调小声发射采集系统预设的电压阈值。

### 2. 测量灵敏度

电压阈值影响有源波导的声发射测量结果,检测到的声发射率和电压阈值成反比关系[111]。此外,传感器元件在制造中存在差异,导致不同传感器的灵敏度存在差异。实验研究了不同传感器和采集卡组合获取的声发射信号,用于评估声发射监测系统的测量灵敏度。

### 3. 钻孔尺寸

钻孔直径越小的有源波导系统产生的声发射率越大,直径更大的钻孔并不会由于填充颗粒体积增加和更多的颗粒-颗粒接触而产生更大的声发射率[111]。这是因为小直径钻孔中变形更容易传递到波导,产生了更多的颗粒-波导相互作用。颗粒-波导相互作用要比颗粒-颗粒作用产生的声发射率更大,因为颗粒-波导作用后的声发射弹性波直接进入波导,不需要经过颗粒层而发生较大衰减。

### 4. 金属波导的性质

金属波导管提供了声发射信号传播的低衰减路径,但波导的几何形状、材质、力学性质和连接方式都会影响最终的声发射信号。直径较小的波导管对声发射信号有轻微的增益效果,直径较大的波导管对声发射信号的衰减作用更小[198,199]。钢管的直径和壁厚对声发射的传播效果影响较小,但相同条件下钢棒有源波导的声发射率平均为钢管的 6%[111]。相同直径下,较长的波导管引起声发射信号的时频曲线在时间轴上延展较宽,因为反射波和原始波叠加的时间间隔更长[199]。当声发射波跨越不同波导传播时,会发生能量传递和模式转换[200]。金属波导管中声发射弹性波的传播受到多种复杂因素影响,很难建立声发射信号和波导几何形状或力学性质间的准确关系。

### 5. 土壤含水率

土壤含水率显著影响细粒土中声发射的产生和传播[178],土体的声阻抗随着含水率增加而增加,声发射能量向周围土壤中的扩散损失也会增加。声发射在含水土壤中的衰减非常明显[201],再次表明了无源波导不适合土质滑坡监测。滑坡现场有源波导中的部分颗粒可能被水浸泡,但颗粒柱体的侧向厚度不超过 2 cm,声发射弹性波进入波导前的传播距离很短,孔隙水对有源波导声发射传播的影响相对较小。

## 2.4.2　滑坡速度的声发射量化

Smith[111]采用一系列实验初步量化了有源波导系统变量对声发射信号的影响,提出了根据声发射监测数据并考虑多个变量影响的滑坡速度经验公式量化方法,这对于滑坡变形的声发射监测和数据分析具有重要意义。

声发射监测系统在实际应用过程中,需要让采集频率范围和信号放大倍数等保持一致,并规定好钻孔尺寸、波导性质、使用数量、连接方式、填充颗粒和传感器类型等变量。然而,这些变量还是会由于具体应用的不同而存在差异。有源波导声发射的产生主要受滑动速度、填充颗粒和钻孔尺寸等影响;声发射弹性波沿着金属波导管传播时不断发生衰减,受到波导的几何形状、力学性质、表面特性和波导-颗粒柱体界面等影响;声发射信号经过传感器转化为电压信号,信号采集受到监测系统的连接质量和测量灵敏度等影响。声发射信号的影响因素和作用位置如文献[111]中的图 9.1所示,从声发射的产生、传播到采集的各个阶段,有许多因素会影响最终的声发射信号,可用式(2-9)表示。

$$AE_{rate} = f(AW_{BT}, Velocity) \times (BH_s \times W_t \times A_b \times A_g \times A_{air} \times S_{S+T} \times V_{TL})$$

$$(2-9)$$

$f(AW_{BT}, Velocity)$是有源波导声发射率和滑坡速度的函数,根据滑坡剪切模型实验假设该函数为三次多项式,$BH_s$是钻孔尺寸因子,$W_t$是波导透射因子,$A_b$是填充颗粒衰减因子,$A_g$是灌浆塞衰减因子,$A_{air}$是空气衰减因子,$S_{S+T}$是传感器灵敏度因子,$V_{TL}$是电压阈值因子。

Smith[111]基于滑坡剪切模型实验得到了一系列图表以初步量化经验公式中每个输入变量的影响。文献[111]中的图 9.27 展示了实验得到的滑坡速度-声发射率标定关系,利用声发射率量化滑坡速度的误差小于一个数量级。滑坡实际应用中,先根据填充颗粒等信息对照滑坡剪切模型实验确定三阶多项式 $f(AW_{BT}, Velocity)$,进而根据现场条件参照实验结果估计各个影响因素的计算因子,综合结果相当于在三阶多项式后乘以一个小于1 的系数以得到最终的声发射率。根据表 1.2 滑坡速度分级标准,不同预警级别对应的各个速度临界值间至少相差两个数量级。由各个速度临界值推算出相应的声发射率阈值,不同预警级别对应的声发射率阈值间也应有两个数量级的差异,进而基于声发射率并参照滑坡速度分级标准可生成预警级别建议[47,116]。

## 2.5 本章小结

有源波导声发射监测系统可以获取滑面形成和破坏的早期信息,声发射监测数据可初步量化土质滑坡的变形行为,具有深部大变形连续监测和微小变形灵敏探测的优势。但现有的声发射监测技术、设备和数据分析模型仍有优化空间。

首先,滑坡声发射监测实验研究多以压缩或剪切模型实验为主。实验基于简化的物理模型和明确的破坏机制,主要研究不同力学作用机理下有源波导的声发射响应特征,研究结果规律性较强。但是实验条件较为理想化,与滑坡实际发生条件存在较大差异,研究结论的实用性较弱。开展基于工程地质原型和典型变形过程的土质滑坡模拟实验能够部分解决以上问题,将在第 3 章中研究。

其次,滑坡现场试验和室内实验的大量测量数据表明声发射率和滑坡速度成正相关,但受到一系列因素影响而难以有效解释。声发射的产生、传播和采集是一个复杂过程,现有研究初步解释了声发射过程中各种因素的影响机制,提出了利用经验公式标定声发射率-滑坡速度间的关系,经验公式中各个影响因素的计算因子由滑坡模型实验估计确定。然而,模型实验的工况存在局限性,很难模拟出所有的影响因素以及不同因素的组合。一些因素在模型实验中的变化范围有限,某些因素对声发射信号的影响难以被量化。计算因子的不准确估计会造成计算误差,因子相乘导致误差被进一步放大。经验公式的应用基础是采用相同的声发射监测系统使得测量数据具有可比性,监测系统的微小变化会造成经验公式产生较大的误差。对于滑坡现场监测预警工作,亟待开发自动化的分析模型,提高利用声发射数据量化滑坡变形的准确度和适用性,将在第 4 章中研究。

最后,现有的声发射监测方法是在滑坡现场填充颗粒(图 2.1)并另外钻孔安装深部变形监测设备进行数据标定,这种方法存在几个问题:一是颗粒自身存在差异,难以保证填充颗粒的形状、大小等性质的统一性和标准化。二是颗粒柱状态存在分层差异,在颗粒材料压实过程中,很难保证均匀的密实度;此外,颗粒柱在重力作用下从上层到下层受到的法向压力和围压逐渐增加,下层颗粒在相同剪切变形量下会比上层产生更多的声发射事件。三是施工工艺复杂,现场填充颗粒需要较长的施工周期,可能遇到土质结构塌孔危险,甚至遭遇恶劣天气等影响施工进程和质量。四是填充颗粒直接与周围岩土环境接触,岩土性质会影响声发射的产生和传播。五是另外钻孔安装其他深部变形测量设备,不仅钻孔成本高,而且施工难度大、周期长。这些问题会影响颗粒间相互作用产生的声发射信号,造成声发射信号解释难度大和变形-声发射的量化关系不一致,进而导致不同系统的声发射监测数据难以统一准确解释。目前的声发射监测设备较适用于滑体厚度 10 m 以内的浅层滑坡,当滑面较深时难以有效应用。声发射监测设备的标准化和简易安装应用以及声发射数据的统一解释分析是亟待解决的复杂难题,将在第 5 章中研究。

# 第3章 滑坡深部变形行为声发射监测实验研究

## 3.1 本章引论

第 1 章介绍了滑坡类型,本章以推移式土质滑坡为研究对象,通过实验研究滑坡变形过程的声发射响应规律。土质滑坡的变形过程一般具有渐进变化特征[52,54],可基于声发射数据和经验公式量化滑坡变形[129,202]。然而,滑坡变形-声发射的响应规律复杂,需要进一步研究以提高利用声发射数据解释滑坡变形行为的准确性。

本章基于推移式土质滑坡原型设计滑坡模型并开展实验研究。推移式滑坡的实验模拟可采用在滑体后缘施加推力的加载方式[61,203]。本研究也采用推力加载方式,同时利用伺服控制系统按设定公式输出推进速度以模拟三阶段变形过程。实验通过位移、力学和声发射传感器测量滑体位移、后缘推力和声学参数,研究运动学、力学和声学参数的变化规律和相关关系。本研究利用声发射参数量化土质滑坡的渐进变形行为,探索基于声发射参数的边坡稳定性评价方法。

本章运用运动学和力学模型两类方法分析滑坡实验过程,提高声发射数据解释水平以获取更为准确的滑坡变形信息。运动学模型中关注位移、速度和加速度,分析滑坡的运动学特征、演化阶段和稳定性水平,建立滑坡变形和声发射参数间的量化关系,通过声发射参数识别加速度的变化特征,进而利用加速度判断滑坡的临界滑动状态。在力学模型中分析滑坡抗滑力和下滑力的构成及相对大小(安全系数),建立声发射参数和安全系数的相关性,进而利用安全系数衡量边坡稳定性。

本章其余部分按照如下方式组织:3.2 节介绍实验装置和实验过程,说明运动学、力学和声发射参数的测量方法;3.3 节对滑坡实验结果进行详细分析和讨论,研究运动学、力学和声发射参数的变化规律和相关关系;3.4 节是本章小结。

## 3.2　实验设计与过程

本节首先介绍了滑坡实验装置的组成和性能,说明了测量仪器和实验材料;随后介绍了滑坡实验方案,说明了四组对比实验的研究目标;最后详细介绍了实验过程,主要包括滑坡模型制作、声发射监测系统安装和滑坡变形过程模拟三个流程。

### 3.2.1　实验装置和材料

本研究参照推移式滑坡原型设计并搭建了简化的滑坡实验装置,开展滑坡声发射监测实验研究。滑坡实验装置如图 3.1 所示,主要由模型实验箱、力学加载设备和测量仪器组成。图 3.2 展示了装置的各个组成部分和尺寸,主要组成部分将在后文中详细介绍。实验装置具有结构安全稳定、全过程自动运行和操作简便灵活等多种优势,实验采用速度控制方法模拟土质滑坡三阶段渐进变形过程,研究滑坡的变形破坏特征和声发射响应规律。

图 3.1　推移式滑坡实验装置照片

#### 1. 模型实验箱

滑坡模型实验箱主要由含门式框架的敞开式铁箱和强化玻璃组成。模型实验箱尺寸为 2.0 m × 0.5 m × 1.0 m,水平状态时铁箱底面距地面 0.2 m,铁箱上方两侧由尺寸为 2.0 m × 0.8 m 的强化玻璃制成。铁箱底

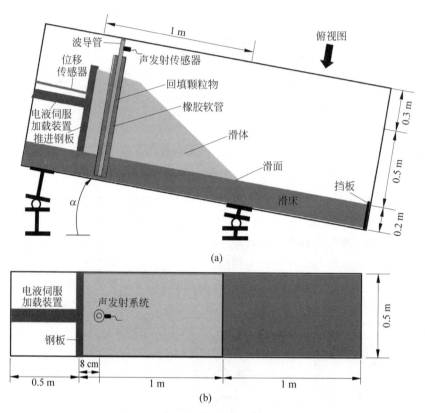

图 3.2　推移式滑坡实验装置结构
(a) 侧视图；(b) 俯视图

部设有支撑铰支座,铁箱后端设有电动丝杆升降机,箱体倾角可在 0°~20°
范围内灵活调节。滑床位于铁箱内,滑体位于两块玻璃之间,实验过程中可
以观察到滑体变形。

**2. 力学加载设备**

　　本研究利用千斤顶和钢板向滑体后缘施加推力以模拟推移式滑坡。千
斤顶施加的推力与实验箱底面平行,通过电气液压伺服系统控制千斤顶的
加载状态,自动精确执行加载速度,实现滑体的稳定可控移动。千斤顶配备
了位移和压力传感器,最大位移量为 50 cm。滑坡实验过程受推进速度控
制,重力影响可忽略不计,实验箱体倾角对滑坡变形行为和实验结果的影响
较小。

### 3. 测量仪器

实验测量仪器主要包括位移、压力传感器和声发射监测系统。位移传感器使用线性可变差动变压器（linear variable differential transformer, LVDT）测量千斤顶向前移动的距离，以记录滑体的整体位移。LVDT 传感器量程为 50 cm，分辨率为 1 μm，实现滑坡位移的精确测量。速度和加速度数据根据位移和相应时间计算得到。实验利用压力传感器测量千斤顶中液压油的压强，千斤顶的推力和液压油压强间存在已标定的线性关系，推力可由压强数据计算得到。在滑坡实验过程中，实时显示并记录位移和推力数据。滑坡变形过程由高清摄像机记录，观察识别不同变形阶段的典型现象。

本研究采用的声发射监测系统能够实时采集声发射信号波形和特征参数。图 3.3 展示了声发射监测系统的主要组件，包括声发射传感器、前置放大器、采集卡和分析仪等。本研究使用的谐振式声发射传感器具有高灵敏度和高信噪比，传感器接触面采用压电陶瓷材料，外壳整体屏蔽有效降低了噪声干扰。声发射传感器的主要响应频率范围处于 15～70 kHz，对其他频段信号的灵敏度较低。

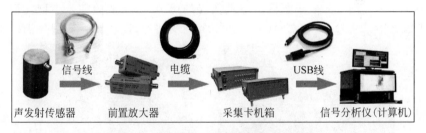

信号线　　　电缆　　　USB线

声发射传感器　　前置放大器　　采集卡机箱　　信号分析仪（计算机）

**图 3.3　滑坡实验采用的声发射监测系统**

### 4. 实验材料

滑床和滑体的构成材料是滑坡实验研究中[204-206]常见的细粒沙土，细粒沙土的力学及物性参数列于表 3.1。在一些滑坡实验中，滑床由木材或水泥制成[47,179,207]，滑体和滑床被分成两部分，滑面在实验前已经形成，与天然滑坡的初始状态有较大差异。在本研究中，充分夯实滑床和滑体使模型成为连续整体，更加接近滑坡首次破坏之前的岩土构造。

表 3.1　细粒沙土的性质

| 指标 | 内摩擦角 $\varphi$/(°) | 含水率/% | 颗粒密度/(kg·m$^{-3}$) | 最大干密度/(kg·m$^{-3}$) |
|---|---|---|---|---|
| 数值 | 24 | 6 | 1930 | 1640 |

　　有源波导的填充颗粒材料显著影响采集到的声发射信号。粒径较大且棱角较多的颗粒材料在"粘滞-滑动"力学行为中表现出明显的接触应力积聚和释放,产生更高水平的声发射能量,并更早出现可检测的声发射信号[47]。考虑到声发射信号的传播衰减等问题,实验使用粒径较大且棱角较多的花岗岩砂砾,其基本参数列于表 3.2。

表 3.2　花岗岩砂砾的性质

| 材料名称 | 粒径 | | 堆积性质 | | |
|---|---|---|---|---|---|
| | 尺寸范围/mm | 均匀系数 | 颗粒密度/(kg·m$^{-3}$) | 堆积干密度/(kg·m$^{-3}$) | 空隙率 |
| 花岗岩砂砾 | 4.1~7.4 | 1.81 | 2670 | 1630 | 0.72 |

## 3.2.2　实验方案和过程

　　本研究开展了四组滑坡对比实验以明确滑坡变形过程中声发射参数的响应规律。图 3.4 展示了四组滑坡实验的照片,四组实验的基本情况列于表 3.3 中。实验(a)和实验(c)中使用了无源波导,即在铝管和铜管周围未

(a)　　　　　　　　　　　　　　(b)

(c)　　　　　　　　　　　　　　(d)

图 3.4　四组滑坡实验启动前的照片(前附彩图)

(a) 铝管,无填充;(b) 铝管,有填充;(c) 铜管,无填充;(d) 铜管,有填充

填充颗粒材料,声发射主要由土体本身产生[123]。相比之下,实验(b)和实验(d)中使用了有源波导,即在铝管和铜管周围填充了足量颗粒材料,声发射主要是由波导和颗粒材料间的相互作用产生[131,208]。四组实验采用相同的土质材料并重复相同的滑坡模型制作流程,实验过程采用相同的控制方法,实验前的滑坡模型和实验中的变形过程基本相同,重点研究波导材料和填充颗粒对声发射参数的影响。

表 3.3　四组滑坡实验的基本情况

| 实验编号 | 波导材质 | 形状参数 | 填充颗粒材料 | 外部套管 |
|---|---|---|---|---|
| (a) | 铝管 | 长度 1 m,外径 30 mm,内径 20 mm | 无 | 无 |
| (b) | 铝管 | | 花岗岩砂砾,平均粒径 6 mm | 硅橡胶软管,外径 60 mm,内径 55 mm |
| (c) | 铜管 | | 无 | 无 |
| (d) | 铜管 | | 花岗岩砂砾,平均粒径 6 mm | 硅橡胶软管,外径 60 mm,内径 55 mm |

滑坡实验过程主要包括滑坡模型制作、声发射监测系统安装和滑坡变形过程模拟三个流程,下面分别详细介绍三个流程的具体步骤。

滑坡模型制作包括调整箱体倾角、制作滑床、制作滑体和静置落实四个步骤。首先,将模型实验箱调至一定的倾斜角度,参照自然条件下平推式滑坡 3°~5° 的滑面倾角[27],将实验箱倾角设定为 5°,先粗调后微调丝杆升降机,保证倾斜角度的精准。其次,在模型实验箱中多次填充 10 cm 厚的土层,夯实成 2.0 m × 0.5 m × 0.2 m 的滑床,压实密度约为 1600 kg/m³。然后,在滑床上方连续填土并压实以形成 1.0 m × 0.5 m × 0.5 m 的滑体,压实密度约为 1500 kg/m³,采用刮刀制作斜坡表面。最后,将制作的滑坡模型在实验室静置一天,使模型自然落实成型。在滑床和滑体被依次压实的过程中,滑床的压实密度更高,滑床和滑体间的不连续交界面处存在潜在滑面,滑体移动时该潜在滑面先发生平面剪切破坏。

声发射监测系统安装主要包括波导安装、颗粒填充和传感器连接三个步骤。首先,在推移式滑坡模型后缘附近选取适当位置钻孔。其次,安装声发射波导管。对于两组无源波导实验,将金属管安装在钻孔中并与土体直接接触,金属管穿入滑床约 15 cm。对于两组有源波导实验,先将橡胶管放入钻孔中,再把金属管放于橡胶管的中心,将颗粒填充在金属管和橡胶管间的环状空隙。橡胶管将填充颗粒和周围土体隔离开来,降低了土体性质差异对声发射信号的影响。与第 2 章中图 2.1 直接填充颗粒的方法相比,橡胶管限制了颗粒的运动范围,使得颗粒和金属管更加充分地接触。最后,将声发射传感器与金属管相连接。在以往的研究中,声发射传感器常贴在金属管顶端侧面外壁,传感器底面与金属管侧面的接触面积较小。本研究将传感器底面贴在金属管顶端的封闭端面,两个平面直接贴合实现了传感器和金属管间的充分接触。两种连接方式相比,声发射的传播路径相似故信号的衰减基本相同;但声发射传感器主要使用底面探测信号,检测到的信号数量随着传感器底面和金属管间接触面积的增加而增加。因此,本研究使用的连接方式提高了声发射传感器的检测灵敏度。

有源波导声发射信号的测量过程和降噪方法如下。滑坡运动引起有源波导变形,填充颗粒和金属管间相互作用产生高水平的声发射信号,信号沿着金属管传播并被传感器所采集。在声发射信号的采集过程中降低环境噪声的干扰非常重要,本研究主要采用两种降噪方法:一是频谱分析结果表明有源波导声发射信号主要集中在 20~30 kHz,选择对该频段响应灵敏的传感器,滤除频率在此窄带范围之外的环境噪声;二是设置适当的检测门槛电压排除低振幅环境噪声的干扰,数据采集期间将检测门槛设置为45 dB。本研究主要运用声发射特征参数分析方法(2.2.2 节),考虑到有源波导声发射信号的特征和实验对数据精度的要求,声发射采样频率设置为1000 kHz,采样间隔设置为 1 ms。

滑坡变形过程模拟采用速度控制方法,遵循滑坡三阶段渐进变形的运动学模型。本研究设计了三个速度函数和持续时间以模拟滑坡三阶段变形,第一阶段是初始变形,第二阶段是匀速变形,第三阶段是加速变形,三个阶段分别采用幂函数、线性函数和指数函数描述,如式(3-1)、式(3-2)和式(3-3)所示:

$$v_1 = K_1 t^k \qquad (3-1)$$

$$v_2 = K_2 \qquad (3-2)$$

$$v_3 = K_3 K^t \qquad (3-3)$$

式中,$v_1$、$v_2$ 和 $v_3$ 分别表示三个阶段的加载速度,$t$ 表示时间,$K_1$、$k$、$K_2$、$K_3$ 和 $K$ 表示可以独立设置的参数值。根据需要调整参数改变各个阶段的速度和持续时间,可近似模拟出不同的三阶段变形过程。例如,可根据现场变形监测数据模拟滑坡实际变形过程,通过室内实验研究滑坡变形破坏规律。

本研究中滑坡速度的实际控制过程如表 3.4 所示。伺服控制系统首先运行式(3-4),结束后立即执行式(3-5),对式(3-6)和式(3-7)采取同样的操作,第三阶段结束后实验完成。推进速度在 0.2～6.0 mm/s 范围内连续可变,由于式(3-6)依据已有研究[196]设计为指数函数,且推进设备输出的最大速度有限,实际加速过程持续了数秒钟。滑坡速度快速增加并达到最大值,随后保持高速运动。滑坡加速之后保持高速运动的现象符合部分天然滑坡的实际情况。

表 3.4　滑坡速度分阶段控制流程

| 滑坡阶段 | 速度控制公式 | 时 间 范 围 | 公 式 编 号 |
|---|---|---|---|
| 第一阶段 | $v=t^{-0.5}$ mm/s | $t \in (0,50)$ s | (3-4) |
| 第二阶段 | $v=0.2$ mm/s | $t \in (50,100)$ s | (3-5) |
| 第三阶段(1) | $v=\dfrac{5^{t-100}}{500}$ mm/s | $t \in (100,105)$ s | (3-6) |
| 第三阶段(2) | $v_{max} \approx 6$ mm/s | $t \in (105,140)$ s | (3-7) |

根据表 3.4 中滑坡三阶段速度公式和每个阶段的持续时间计算得到了运动学数据。图 3.5 展示了滑坡位移、速度和加速度随时间的变化,位移与一些实际滑坡[54,209]具有相似的变化规律。滑坡三阶段变形过程首先是 50 s 的初始变形阶段,累计位移约为 11 mm;随后是 50 s 的匀速变形阶段,累计位移约为 20 mm;最后是 40 s 的加速变形阶段,累计位移超过 300 mm。天然滑坡的变形行为主要受力学状态控制,而滑坡实验采用速度控制法,这是因为本研究侧重于滑坡变形的声发射响应规律,速度控制法使加载过程更加简便和准确,可获得高精度的连续测量数据,以提高声发射和变形参数间量化关系的准确性。

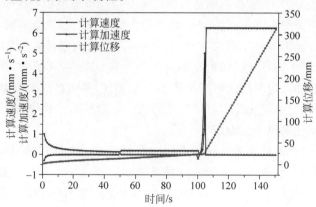

图 3.5　滑坡变形过程的计算位移、速度和加速度(前附彩图)

## 3.3 实验结果分析和讨论

本节基于实验测量数据研究滑坡渐进变形过程中运动学、力学和声发射参数的变化规律及参数间的相关关系,运用力学分析方法研究滑坡过程的物理机制,探索滑坡变形和声发射参数间的响应规律,讨论声发射参数对于滑坡预警的意义。

### 3.3.1 运动学和力学特征

运动学参数可以准确描述滑坡变形过程,力学参数决定了滑坡的变形和运动。首先分析位移和推力以及推力和加速度间的关系,揭示滑坡变形演化规律;然后对滑坡实验进行力学分析,探究滑坡变形演化过程的物理机制。

#### 1. 滑坡位移、推力和加速度分析

首先,分析滑坡位移和推力数据的变化特征。滑坡变形过程由千斤顶在伺服系统控制下自动加载,图 3.6 显示了四组滑坡实验获得的位移和推力随时间变化的曲线,对加速变形曲线段做了放大处理以识别短暂加速过程。由于实验采用了滑坡速度准确控制方法,位移测量曲线与图 3.5 中的位移计算曲线基本保持一致。四组滑坡实验的位移曲线都呈现出典型的三阶段变化特征,第一阶段和第二阶段的速度大致相等,位移曲线在两个阶段的分界点(50 s)变化并不明显。由于设备最大推进速度的约束,第三阶段初期的速度呈指数增长并迅速达到最大值,此后速度维持在约 6 mm/s 的峰值。图 3.6 表明,实验初期推力小幅上升引起滑坡的初始变形,位移和推力都在前两个变形阶段(100 s)逐渐增加。滑坡发生加速变形时,推力和位移几乎同时大幅上升,曲线出现拐点,四组实验最终的累计位移均超过 200 mm。由于波导材料和填充颗粒及其周围土体的实验条件略有不同,四组实验中位移曲线的持续时间和数值存在差异,推力曲线的形状和数值也不完全相同,但不同实验中位移和推力的变化趋势是一致的,这为后文参数间关系的量化提供了基础。

其次,分析滑坡实验过程中滑面的发展变化。滑体在推力作用下相对于滑床向前移动,使用高清视频观察滑体和滑床在不连续界面处的相对位移,发现滑面最终发生了较大变形和剪切破坏。以实验(d)为例,图 3.7 中采用粗红线描绘滑体轮廓,滑坡经历了从承受应力、局部破坏、临界滑动到最

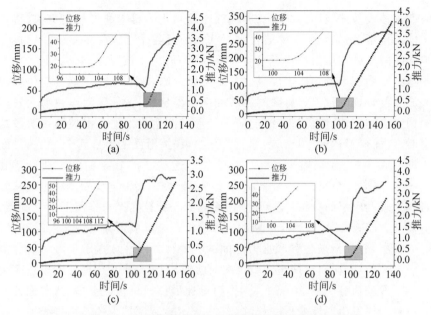

**图 3.6　四组滑坡实验中位移和推力随时间的变化**

（a）铝管，无填充；（b）铝管，有填充；（c）铜管，无填充；（d）铜管，有填充

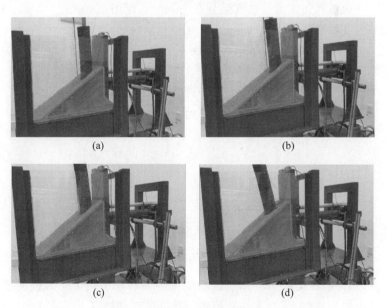

**图 3.7　滑坡实验中滑体运动的阶段性照片（前附彩图）**

（a）时间 0 s，位移 0 mm；（b）时间 50 s，位移 11 mm；

（c）时间 100 s，位移 20 mm；（d）时间 110 s，位移 75 mm

终的推移式整体破坏。滑坡变形加载速度与土体排水速度相比更快,造成土体不排水剪切,土质滑体的含水量在实验过程中基本保持不变。钢板与波导间的土体在推力作用下发生压缩变形,但由于波导距离钢板约 8 cm,土体的压缩变形量相比于加载位移量可以忽略,本研究使用钢板的位移代表波导位置处的位移。有源波导底部埋入滑床中,波导随滑体移动而发生轻微变形和偏转,但仍然持续响应于变形并产生声发射。滑坡第一阶段结束时,滑面变形达到 11 mm;第二阶段结束时,滑面变形达到 20 mm,滑面逐渐形成;第三阶段发生了几秒钟的加速运动,约 110 s 时滑面变形达到 75 mm,滑面完全贯通,滑坡前缘位置明显改变。滑面的发展变化可以从微观和宏观两个层面分析:微观上,滑面处的土颗粒在推力作用下发生旋转、流动和破碎;宏观上,滑面从局部生成裂隙逐渐发展到最终完全贯通破坏。

再次,分析滑坡位移和推力之间的相关性。图 3.8 显示了滑体后缘推力随滑坡位移的变化,四组实验得到的曲线相似,都表现出明显的渐进变化特征。滑坡位移达到 20 mm 前,推力迅速增加而位移逐渐增加,滑面处土质材料主要发生弹性变形。位移超过 20 mm 后,"推力-位移"曲线出现拐点,推力逐渐增加而位移迅速增加,滑面处土质材料主要发生塑性变形,裂隙逐渐延伸并互相连通。位移达到 75 mm 后,滑面基本贯通,滑坡形成,推力几乎不变而滑体发生快速运动。

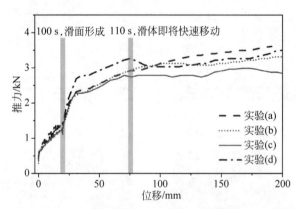

**图 3.8　四组滑坡实验的推力-位移关系**

最后,分析推力和滑坡加速度的变化特征和相关关系。滑坡加速度在变形过程中波动较大,为了部分消除加速度的波动性以更好反映变化趋势,对加速度数据进行移动平均处理。移动平均处理操作简单且应用广泛,是提取数据趋势的常用方法。图 3.9 展示了经过 5 s 移动平均处理的加速度和推力数据,二者曲线根据形状特征可分为三个阶段,与表 3.4 中设计的滑坡三阶段变形过程一致。在滑坡第三阶段变形之前,加速度始终在 0 附近上下轻微振荡,表明滑动速度基本稳定。当滑坡变形进入第三阶段时,推力和加速度突然明显增加,加速度超过 $1.2\ \mathrm{mm/s^2}$。随后加速度很快下降,并在 0 附近以小于 $0.5\ \mathrm{mm/s^2}$ 的幅度上下振荡。推力和加速度之间存在显著的相关性,加速度的变化特征取决于作用在滑体上的合外力,推力来自液压伺服控制系统和钢板,阻力来自土体和波导管等。滑坡快速运动时,推力和阻力间的不平衡引起加速度的明显波动。加速度与边坡稳定性密切相关,在临界滑动时发生突变,是滑坡预警的有效指标[202,210,211]。四组滑坡实验的位移、推力和加速度数据都在 100 s 发生突变,表明实验的重复性较好。

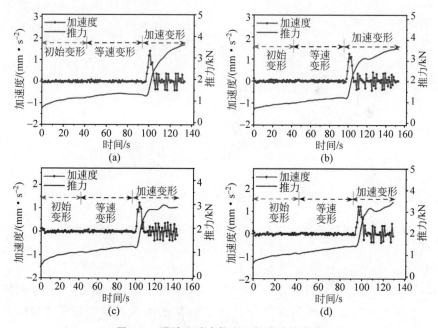

**图 3.9 滑坡实验中推力和加速度的变化**
(a) 铝管,无填充;(b) 铝管,有填充;(c) 铜管,无填充;(d) 铜管,有填充

## 2. 滑坡实验力学分析

为进一步研究滑坡三阶段变形过程的力学机制,基于极限平衡法引入安全系数分析边坡稳定性的变化。力学分析以滑坡实验(d)为例,滑体几

何参数和土质材料性质如 3.2.1 节所述,细粒沙土较为干燥,本研究不考虑沙土颗粒间的黏聚力以简化力学分析流程。

边坡安全系数 FS 表示沿滑面的下滑力(剪切力)和抗滑力(抗剪阻力)间的相对强弱,是边坡稳定性的直接判断依据[38]:

$$\text{FS} = \frac{F_f}{F_d} \tag{3-8}$$

$F_f$ 表示沿滑面的抗滑力,$F_d$ 表示沿滑面的下滑力。如图 3.10 所示,$\theta$ 为实验箱的倾角($5°$),重力 $G$ 相对于滑面 BC 的法向力 $G_N$ 和切向力 $G_T$ 分别是:

$$G_N = G\cos\theta \tag{3-9}$$

$$G_T = G\sin\theta \tag{3-10}$$

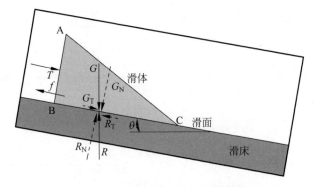

图 3.10    滑坡模型实验力学分析示意图

本研究中滑坡的抗剪力 $T_f$ 由土体颗粒间的摩擦阻力提供:

$$T_f = G\cos\theta\tan\varphi \tag{3-11}$$

式中,$\varphi$ 为沙土的摩擦角,实测值为 $24°$。

滑动力 $F_d$ 包括重力分量 $G_T$ 和加载装置的推力 $T$;抗滑阻力 $F_f$ 包括沙土的摩擦阻力 $T_f$ 和其他阻力 $f$,而 $f$ 包括土体-实验箱摩擦和波导阻力等。因此,边坡安全系数可用式(3-12)表示:

$$\text{FS} = \frac{G\cos\theta\tan\varphi + f}{G\sin\theta + T} \tag{3-12}$$

式(3-12)中,如果 FS > 1,则边坡处于安全稳定状态;否则,边坡不稳定,可能会发生运动甚至破坏。值得注意的是,铜波导管和橡胶软管对滑体运动有一定影响,给其他阻力 $f$ 的计算带来挑战。但是,波导管底部和滑床间未被刚性固定,波导管随着滑体移动逐渐向滑动方向倾斜,符合滑坡现场实际情况[126,129]。

下面基于已建立的滑坡力学模型计算安全系数。首先,获取实验箱处于水平位置时滑坡匀速变形阶段的推力数据,计算得到其他阻力 $f$ 的平均值。随后,假设实验箱倾角为 $\theta$,建立安全系数和推力间的关联。最后,以滑坡实验(d)为例,计算得到安全系数并与推力数据比较。

本研究参照滑坡实验(d)另外开展了一组滑坡实验,将实验箱体倾角调至 0°。由于 $\theta = 0°$ 且滑坡处于匀速变形阶段,根据力学平衡可推导出其他阻力 $f$:

$$f = T - G\tan\varphi \tag{3-13}$$

式(3-13)中,推力 $T$、滑体重力 $G$ 和土体摩擦系数 $\tan\varphi$ 均已知。图 3.11 展示了测量得到的推力 $T$ 和计算得到的其他阻力 $f$ 的数据。实验过程中,由于滑坡阻力影响因素的动态变化,$T$ 和 $f$ 都略有波动,推力平均值为 1.44 kN,其他阻力平均值为 1.18 kN。滑坡水平运动重复了实验(d)的运动过程,而其他阻力主要与滑动过程有关。由于其他阻力的准确值难以直接确定,为使力学计算过程简洁,在后续计算中其他阻力 $f$ 使用近似值 1.18 kN。

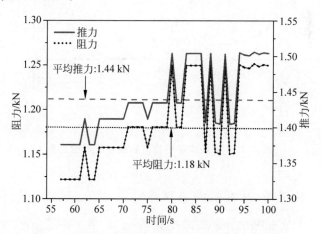

**图 3.11　滑坡匀速变形期间推力和其他阻力的变化**

分别使用 $a$ 和 $b$ 来简化式(3-12)的分子和分母,式(3-14)～式(3-17)显示了简化计算的过程。

假设:

$$G\cos\theta\tan\varphi + f = a \tag{3-14}$$

$$G\sin\theta = b \tag{3-15}$$

则有：

$$\mathrm{FS} = \frac{a}{b+T} \tag{3-16}$$

$$\frac{1}{\mathrm{FS}} = \frac{T}{a} + \frac{b}{a} \tag{3-17}$$

由式(3-16)和式(3-17)可知,安全系数和推力成负相关,安全系数的倒数和推力成线性关系,推力是影响边坡稳定性的关键因素。

最后分析安全系数和推力数据的变化特征和趋势。图 3.12 展示了安全系数和推力的时间序列曲线,安全系数随推力增加而逐渐减小,边坡稳定性逐渐降低。滑坡变形进入加速阶段后,推力和安全系数同步发生变化,推力曲线急剧上升,而安全系数降至 1 以下,滑坡处于不稳定状态。

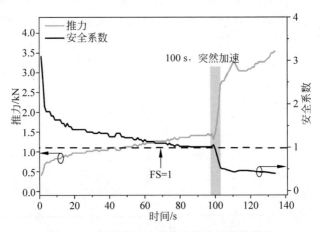

**图 3.12  滑坡实验中推力和安全系数的关系**

### 3.3.2  滑坡变形-声发射响应规律

本节首先分析声发射参数的变化特征,从多个声发射参数中选出对滑坡变形响应显著的关键参数。图 3.13 显示,四组滑坡实验中声发射信号的幅度、有效值电压(RMS)和平均信号电平(ASL)值略有变化,变化特征不明显,很难依据这三个参数识别滑坡变形状态的改变。幅度、RMS 和 ASL 都与声发射源的强弱相关,而颗粒材料相互作用产生的声源强度受滑坡变形状态(剪切速度)的影响较小。此外,RMS 和 ASL 都是声发射电压信号的某种平均值,平均作用进一步弱化了参数的变化特征。数据相关性分析也发现振幅、RMS、ASL 与滑坡位移或速度之间没有密切联系。

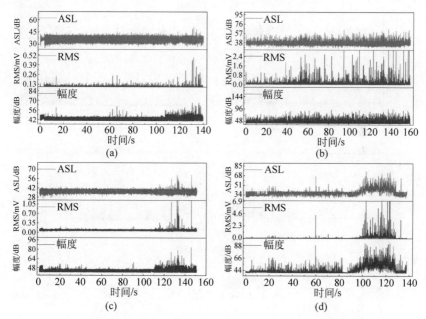

**图 3.13　滑坡实验中声发射平均信号电平、有效值电压和幅度的变化**

(a) 铝管,无填充;(b) 铝管,有填充;(c) 铜管,无填充;(d) 铜管,有填充

图 3.14 显示声发射的振铃计数和能量参数变化显著,且与图 3.5 中滑坡速度曲线的变化趋势一致,都在临界滑动时达到峰值并在此后保持较高水平。因此,振铃计数和能量可用来识别滑坡变形行为。图 3.14 表明实验(a)和实验(c)的振铃计数和能量水平相近,说明两种无源波导(铜管和铝管)采集到的声发射参数没有显著差异。无源波导检测到的低水平声发射主要来自土体和波导的相互作用,声发射信号响应于滑坡变形和内部应力状态的变化,波导材料对信号的影响较小。在实验(b)铝制有源波导管中,滑坡加速阶段出现了持续且密集的振铃计数和能量峰值。实验(d)铜制有源波导管中振铃计数和能量的数值最大,高出其他实验一个数量级,参数变化特征也最为显著。相关性分析表明振铃计数和能量之间存在很强的线性关系,累计振铃计数与累计能量之间的相关性更强。本书选择振铃计数作为代表性参数研究滑坡变形-声发射响应规律。

以上研究发现滑坡变形过程中的声发射特征参数与滑坡位移、速度、加

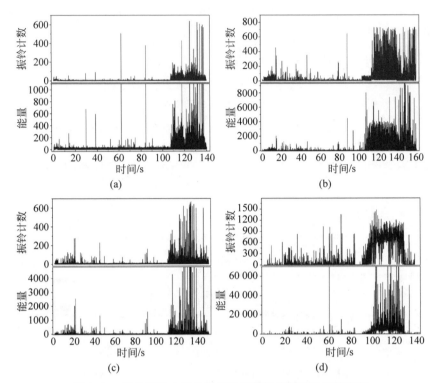

图 3.14　滑坡实验中声发射振铃计数和能量随时间的变化
（a）铝管，无填充；（b）铝管，有填充；（c）铜管，无填充；（d）铜管，有填充

速度等真实运动参数之间存在密切联系，下面重点分析振铃计数和滑坡速度、累计振铃计数和滑坡位移间的关系。

**1. 振铃计数和滑坡速度**

首先研究振铃计数和滑坡速度的变化特征和响应规律，进而分析声发射系统变量对振铃计数-速度响应关系的影响。图 3.15 显示滑坡速度和振铃计数具有协同变化关系，在前两个变形阶段都相对较小且保持稳定，进入第三阶段后同时急剧增加并达到峰值。滑坡速度增加导致填充颗粒间发生更多更强烈的相互作用，产生了更高水平的声发射活动，进而引起振铃计数的增加。相关性分析表明速度和振铃计数间存在较好的线性关系，振铃计数可用于量化滑坡速度。实验（b）和实验（d）中的振铃计数比实验（a）和实验（c）高一个数量级，填充颗粒比不填充获得了更为显著的振铃计数，这是因为岩石颗粒相比于沙土颗粒明显放大了声发射信号。此外,实验(b)和实验(d)相比,铜管比铝管的声发射效果更好,不仅振铃计数更多,而且速度-振铃计数的线性相关性更强。铜管和颗粒相互作用产生的声发射振幅更高,且传播过程中衰减更小,振铃计数表现出与滑坡变形过程密切相关的显著变化特征。

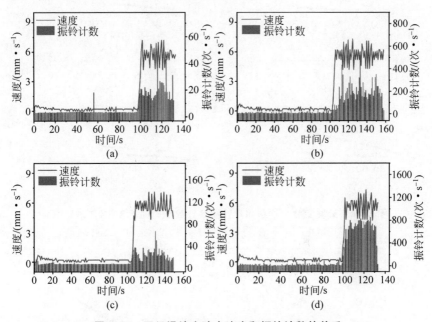

**图 3.15　四组滑坡实验中速度和振铃计数的关系**
(a) 铝管,无填充;(b) 铝管,有填充;(c) 铜管,无填充;(d) 铜管,有填充

**2. 累计振铃计数和滑坡位移**

以上分析表明滑坡速度和振铃计数间存在较好的相关性,下面进行滑坡位移和累计振铃计数的比较分析。图 3.16 表明位移和累计振铃计数的变化趋势一致,二者在约 100 s 时同步急剧增加。图 3.17 显示实验(b)和实验(d)中累计振铃计数和位移间存在线性关系,而实验(a)和实验(c)中出现了双线性关系。实验(a)和实验(c)的滑坡加速阶段中累计振铃计数对位移的响应程度比前两个变形阶段弱,表现为图 3.17 中散点趋势线的斜率减小,这是因为无源波导的声发射信号主要由土体产生,土体的结构和密度在实验过程中发生变化,声发射响应行为在滑坡加速时刻发生了明显转变。本研究将实验(a)和实验(c)的散点图分成两段分别拟合,

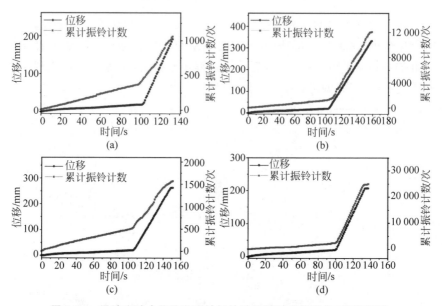

图 3.16　滑坡实验中位移和累计振铃计数随时间的变化（前附彩图）

（a）铝管，无填充；（b）铝管，有填充；（c）铜管，无填充；（d）铜管，有填充

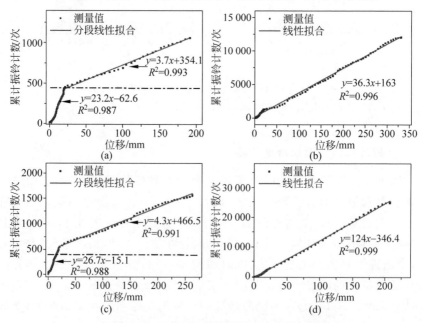

图 3.17　累计振铃计数和滑坡位移间的线性关系

（a）铝管，无填充；（b）铝管，有填充；（c）铜管，无填充；（d）铜管，有填充

以更好刻画累计振铃计数和位移间的线性相关性。实验（b）和实验（d）中采用有源波导，累计振铃计数和位移之间的线性关系自始至终是一致的，实验（d）数据线性拟合得到的相关系数最高。波导性质对累计振铃计数和位移的量化关系产生了重要影响，铜制有源波导管在四组实验中获得了最强的线性关系。虽然铜制波导管在实验中表现最好，但铜管与铝管、钢管等材料相比成本更高，出于性价比和标准件可获取性等因素的考虑，第 5 章滑坡现场试验中采用铝管作为波导。

以往研究主要关注振铃计数和滑坡速度间的线性关系[47,116,202]。本研究的结果表明，累计振铃计数和滑坡位移间存在更强的线性关系，并且适用性更广泛。这可能是因为滑坡速度的波动性较大，导致计算得到的线性相关系数较小，而滑坡位移通过时间累积作用减弱了数据波动性的影响。滑坡变形-声发射参数间的线性关系是一种统计学意义上的相关关系，反映了声发射参数随着滑坡变形而动态变化的一般性规律。但是拟合得到的线性关系式可以有多种，并不是唯一的。线性关系式的比例系数会受到监测系统可变条件的影响，即使在同一滑坡监测过程中也会随着时间而动态变化[50,129]。一些研究表明采用非线性函数拟合滑坡变形和声发射数据能够得到更强的相关性[47,202,212]。总之，线性关系并不总能成立或始终保持一致，为了更好地描述滑坡变形-声发射参数间的复杂关系，将在第 4 章提出基于机器学习的声发射数据解释和滑坡变形行为量化模型。

### 3.3.3　基于声发射的滑坡预警指标

本研究选择滑坡加速度、安全系数和振铃计数变化率分别作为运动学模型、力学模型和声发射监测的代表性参数，分析参数的变化特征和相关关系。由 3.3.2 节可知，振铃计数和滑坡速度存在线性关系，计算振铃计数对时间的一阶导数得到振铃计数变化率，可用于识别滑坡加速度（即速度对时间的一阶导数）。加速度在滑坡三阶段变形过程中发生了显著变化；安全系数是典型的边坡稳定性评价指标，物理意义明确；振铃计数变化率是较易获取的监测参数，可灵敏地反映滑坡深部变形状态。图 3.18 以实验（a）为例展示了滑坡加速度、安全系数和振铃计数变化率的时间序列曲线，其他几组实验得到了类似的数据曲线。振铃计数变化率和加速度呈现出相似的变化趋势：前两个变形阶段中都在 0 附近小幅波动，进入第三阶段（加速变形）后都突然急剧增加并达到峰值，随后都迅速下降并在 0 附近上下振荡。

振铃计数变化率直接响应于滑坡加速度的变化。边坡安全系数自实验开始后随着滑坡发展而不断降低,在第三阶段变形后下降到 1 以下,表明滑坡进入了危险状态。

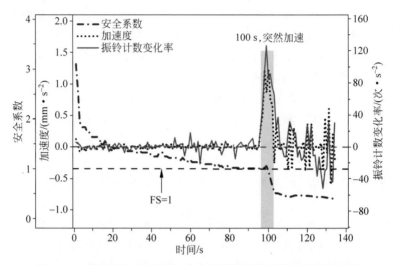

图 3.18　滑坡实验中加速度、安全系数和振铃计数变化率的关系

　　下面分别从滑坡加速度和边坡安全系数的角度分析振铃计数变化率的预警意义。加速度已经成为受到认可的滑坡预警指标[13,54,93,142,213]。振铃计数变化率能够直接识别加速度的变化,也可以作为滑坡预警指标。振铃计数变化率用于滑坡预警需要考虑现场复杂的地质条件和环境因素的影响。然而,研究表明基于加速度指标的滑坡预警并不需要给出精确阈值,阈值只要能识别出加速度的异常突变即可[54]。由此延伸,振铃计数变化率作为预警指标也不必设定精确且唯一的阈值。对于本研究中的滑坡实验(a)而言,加速度达到 1 mm/s² 则应该触发预警,据此可将振铃计数变化率的阈值设置为 60 次/s²,便能识别异常的滑坡加速变形行为。边坡安全系数是简单有效的滑坡预警指标,但滑坡现场难以准确获取力学分析所需的多种参数[214],故安全系数预警指标的实际应用受到约束。声发射技术成本低、灵敏度高,适用于滑坡现场实时连续监测[116]。本研究发现加速度、安全系数和振铃计数变化率都在滑坡加速变形阶段发生突变,振铃计数变化率相比于难以获取的安全系数更适合作为滑坡现场预警指标。

# 3.4 本章小结

本章开展了推移式土质滑坡实验研究,利用速度控制方法模拟了典型的三阶段变形过程,获取了滑坡位移、速度、加速度、推力和振铃计数等数据,分析了参数自身的变化规律及参数间的相关关系,讨论了参数变化特征和趋势的形成原因及意义,提出了基于声发射参数的滑坡预警指标。本章的主要结论如下:

(1) 滑坡加速度、边坡安全系数和振铃计数变化率间存在密切关联。滑坡进入不稳定状态时,加速度和振铃计数变化率从 0 附近小幅振荡转变为突然增加,安全系数降至 1 以下。振铃计数变化率可以识别滑坡加速度和安全系数(边坡稳定性)的变化,可以作为土质滑坡渐进变形的有效预警指标。

(2) 振铃计数和滑坡速度间存在线性关系,累计振铃计数和滑坡位移间的线性相关性更为显著。滑坡变形-声发射参数间的线性关系受到多种因素影响而可能发生动态变化,线性关系并不总是成立也难以始终保持一致。

(3) 相比于不填充颗粒的无源波导和铝制有源波导管,铜制有源波导管获得的声发射参数在数值大小和变化特征上更为明显,且获得的振铃计数与滑坡变形参数间的线性相关性更加显著。

# 第 4 章  滑坡变形声发射监测数据分析模型研究

## 4.1  本 章 引 论

本章运用机器学习方法分析声发射监测数据以量化滑坡变形行为(位移、速度和加速度)。本章建立了滑坡运动状态自动分类模型和滑坡位移自动预测模型,根据声发射参数对滑坡变形行为进行分类和预测,为滑坡风险预警提供自动化分析手段。本章运用机器学习分类模型基于声发射参数自动给出滑坡速度的分级结果,并增加了滑坡加速度状态信息(加速、匀速或减速),进而参照滑坡速度分级标准(表 1.2,共有 7 级)确定相应的预警级别和响应措施。此外,本章还运用机器学习回归模型基于声发射和降雨量数据自动预测滑坡位移,"预测"并不是给出滑坡变形行为的未来趋势,而是由相关参数(声发射和降雨量等)的已知数据通过回归模型得到目标参数(滑坡位移)的未知数据。

由第 2 章可知,基于有源波导的声发射监测技术已成为受到认可的土质滑坡监测技术[50,126,129,215],研究表明振铃计数与滑坡速度成正相关[126,129,202]。然而,有源波导颗粒材料的相互作用机理复杂且随机性较强,产生的声发射信号受到多种因素的影响。滑坡变形-声发射关系的定性判断[178,216]和经验公式[47,116]等方法都无法实现声发射信号的清晰准确解释,不能解决滑坡变形量化的实际难题。声发射监测数据尚未实现自动快速分析,与滑坡实时监测和及时预警的实际需求还存在较大差距。与以往研究采取的方法不同,本研究采用了先进的机器学习技术,利用 Python 编程软件中的数据分析算法库开发机器学习模型,研究提出广泛适用的声发射数据自动分析模型,探索基于声发射监测的滑坡预警策略。

本研究提出了滑坡运动状态自动分类模型,主要解决滑坡速度级别和加速度状态的识别问题。滑坡速度和加速度是风险预警的重要依据,而现有的经验公式等方法[47,126,129]并不能从声发射数据中获取速度和加速度的完整信息。本研究将表 1.2 中的滑坡速度分级标准融入机器学习算法的设计中,采用测量数据训练机器学习分类模型,进而根据声发射数据自动准确识别滑坡速度级别和加速度状态。本研究不仅提高了利用振铃计数量化滑坡速度的准确性,还新增了第 3 章研究得到的振铃计数变化率以识别滑坡加速度,为滑坡变形行为分析提供了新的有效信息。加速度通过速度的变化率衡量滑坡运动状态改变的迅速程度,由加速度数据能够直接识别加速(危险)或减速(安全)状态。

本研究还提出了滑坡位移自动预测模型,主要解决滑坡位移数据的可持续获取问题。现有的滑坡深部位移测量技术存在成本高、量程小或技术复杂等问题,位移数据的可持续获取性受到约束。这些问题推动了利用机器学习算法研究建立滑坡位移与孔隙水压力[217]、降雨量[146,218]和水库水位[219,220]等相关参数间的量化关系模型,进而通过位移预测以较低的成本提供连续的深部变形信息。声发射监测数据同步响应于滑坡深部变形,声发射参数与滑坡位移间的相关关系更为密切。然而,基于声发射数据的滑坡位移自动预测却少有研究。本研究采用机器学习模型基于声发射监测数据预测滑坡深部位移。

本章剩余部分内容安排如下:4.2 节提出滑坡运动状态自动分类模型,阐述模型构建过程并进行应用验证;4.3 节提出滑坡位移自动预测模型,给出模型构建过程和应用验证结果;4.4 节提出基于声发射监测和机器学习的滑坡风险预警策略,给出分析模型的实际应用方法;4.5 节是本章小结。本章提出的声发射数据自动分析模型为滑坡变形行为识别和预测提供了新方法,该方法将应用于第 5 章的滑坡现场试验中。

## 4.2　滑坡运动状态自动分类模型

如第 2 章所述,声发射振铃计数响应于滑坡速度,但会受到一系列因素的影响,包括波导长度和传感器灵敏度等。Smith[111]研究并初步解释了一些因素的影响,提出了经验公式方法近似确定振铃计数-滑坡速度的标定关系。滑坡剪切模型实验表明基于经验公式的速度标定精度可区分数量级的差异,可用于滑坡速度分级标准做进一步分析判断。然而,为了提高利用声发射数据量化滑坡速度的准确性,并满足滑坡现场监测对于及时性、有效性和可靠性的实际需求,亟须提出新技术对滑坡运动状态进行自动、快速和准确地识别分类。

　　本节提出和论证运用机器学习方法建立新的声发射数据解释模型,将两个关键的声发射参数(振铃计数和振铃计数变化率)相结合对滑坡运动行为(速度和加速度)进行自动分类。加速度是速度对时间的一阶导数,振铃计数变化率是振铃计数对时间的一阶导数,第 3 章实验证明振铃计数变化率可有效解释和识别滑坡的加速变形行为。本节选择 1.2.3 节中介绍的支持向量机(SVM)、随机森林(RF)和极限梯度提升(XGBoost)作为三种代表性机器学习算法,开发出滑坡运动状态自动分类模型,采用滑坡模型实验和现场监测数据验证机器学习模型并评估模型性能。

### 4.2.1　分类模型构建

　　滑坡运动状态自动分类模型的研究思路如图 4.1 所示。首先,对滑坡位移和声发射的测量数据进行处理,包括数据平滑和特征缩放。其次,根据速度和加速度数据范围生成运动行为类别标签。然后,使用不同的机器学习模型进行滑坡运动行为分类并输出结果。在机器学习模型对多组实验数据集的分类过程中采用了两种操作(4.2.2 节):第一种操作是对每个数据集自身随机分割形成的两部分分别进行训练和测试,称为"经典操作";第二种操作是对一个数据集进行训练,在其他几个独立数据集上进行测试,称

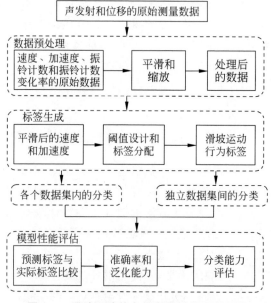

**图 4.1　滑坡运动状态分类模型的研究思路**

为"检验操作"。最后,使用深部变形测量数据评估每种机器学习模型的性能,重点关注分类模型的准确率和泛化能力,泛化能力指分类模型应用于新数据集时成功预测出正确类别的适应能力。

**1. 数据处理和标签生成**

由于滑坡监测过程中有源波导填充颗粒的"粘滞-滑动"行为(2.2.2节)以及阵列式位移计(SAA)的高精度变形测量性能,具有高采样频率的振铃计数和速度测量值表现出波动性,采用移动平均方法进行数据平滑处理可减少波动性,并使得实验室测量值与滑坡现场测量值可比较。实验室数据常采用数分钟为窗口的移动平均处理,而现场数据的处理一般采用更长的时间窗口,例如一小时或一天。

本研究选择振铃计数和振铃计数变化率这两个特征作为滑坡运动状态分类模型的输入。滑坡监测经常获取到大量低速数据,按照线性尺度绘制振铃计数-速度关系图时,高速数据会占据主要篇幅,可使用对数尺度绘图以更清晰地展示密集的低速数据点。类似地,为了展开小数值区间内的声发射数据并提高数据的平稳性,本研究将常用对数(以 10 为底的对数)作为声发射数据的特征处理方法,图 4.2 展示了振铃计数和振铃计数变化率的常用对数处理过程。对数处理不会改变声发射数据的性质,但压缩了数据尺度,处理后的数据分布更加均匀。

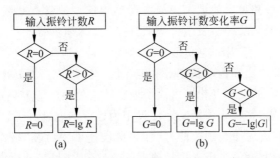

**图 4.2　振铃计数和振铃计数变化率的常用对数处理流程**

(a) 振铃计数缩放;(b) 振铃计数变化率缩放

声发射数据经过对数处理后,不同声发射监测系统在同一滑坡速度下产生的振铃计数仍然可能存在较大差异(2.4.2节)。为了在数据处理中进一步缓解这一问题,本研究采用数据标准化方法以保障来自不同监测系统的声发射数据具有可比性。本研究利用最大绝对值(maximum-absolute)

缩放对振铃计数和振铃计数变化率做标准化处理,声发射参数时间序列的每列数据都按照式(4-1)相对于该列的最大绝对值进行缩放,每个缩放后的值 $x'$ 是无量纲的,大小在 $-1$ 和 1 之间。滑坡现场监测的振铃计数数据具有稀疏性,即 0 值占主要比例,最大绝对值标准化保留了振铃计数原始数据中的所有 0 值,有利于保持声发射数据的原有性质。

$$x' = \frac{x}{|\max(x)|} \tag{4-1}$$

有监督机器学习需要真实的分类标签(label)作为目标,标签通常由测量数据或手动标注生成。本研究中的滑坡运动状态标签根据速度和加速度的测量值参照滑坡速度分级标准自动生成。图 4.3 是针对实验室数据设计的运动状态标签生成流程:首先判断滑坡速度和加速度是否为 0,确定标签是否为"0","0"意味着边坡稳定不动;随后根据滑坡速度分级标准生成一系列运动状态标签。在滑坡速度分级标准中(表 1.2),区分相邻级别的速度临界值间存在两个数量级的差异,该标准建议在两个临界点改变响应措施:一是从"极慢"到"很慢",即速度超过 0.002 mm/h 应"维护";二是从"慢速"到"中速",即速度超过 20 mm/h 应"疏散"。本研究选用 0.002 mm/h 和 20 mm/h 这两个速度临界值用于生成运动状态标签。

除了速度分级以外,滑坡是加速还是减速状态也能为决策者提供关键信息,因为加速度信息可用于解释滑坡变形行为并评估早期破坏失稳的可能性。复活滑坡和首次滑坡失稳前的运动加速度通常在 0 附近小幅振荡,并在进入临界滑动阶段后发生大幅跃升[210]。本研究提出了可灵活设定的加速度阈值 $a_u$(正值)和 $a_l$(负值),加速度阈值由地质专家根据特定滑坡的发生机制、变形历史和运动状态等确定。加速度阈值不需要特别精确,能反映滑坡运动状态的突然变化即可。滑坡实验数据集的研究重点是滑坡首次失稳的早期预警,实验中将滑动速度设定为始终加速,因此图 4.3 中不考虑与 $a_l$ 相关的减速运动类别。此外,如果滑坡速度保持在"极慢"水平,加速度通常很小,因此标签 1 不考虑加速度阈值 $a_u$。如果加速度测量值被判定为大于 $a_u$,则将运动状态标签记为"A"(accelerate)。

值得注意的是,图 4.3 中的方法可以应用于其他滑坡的运动状态分类任务,并根据需要设置速度或加速度的临界值从而添加或修改标签。例如,对于非常缓慢的滑坡蠕动变形,需要较长时间的监测才能识别滑坡运动状态,可以扩展图 4.3 中的滑坡运动状态分类系统并添加其他类别,从而满足特定滑坡的实际情况和监测预警要求。在某些情况下,如果加速度测量值

被判定为小于 $a_1$，则将运动状态标签记为"D"(decelerate)。

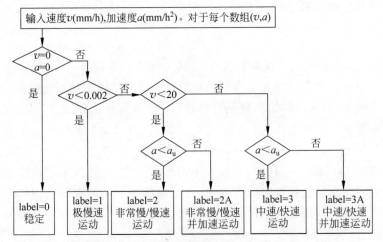

**图 4.3　基于速度和加速度数据的滑坡运动状态标签生成流程**

### 2. 机器学习分类模型

本研究将随机森林(RF)、极限梯度提升(XGBoost)和支持向量机(SVM)三种机器学习模型用于滑坡运动行为分类，以 SVM 为基准与新兴技术 RF 和 XGBoost 进行比较。集成学习是最先进的机器学习技术[221]，RF 和 XGBoost 是两种新兴的集成学习算法，已被广泛用于滑坡变形预测[146,218,222]、遥感影像[223]、统计分析[224]和疾病诊断[225]等一系列领域。SVM 是传统的分类算法[226]，被广泛用于文本分类[227]、图像识别[228]和故障诊断[229]等问题。RF、XGBoost 和 SVM 模型的算法和调参方法已在 1.2.3 节中详细介绍。之所以选择这三种分类算法，是因为滑坡监测数据集相对较小，并且仅使用振铃计数和振铃计数变化率两个特征预测运动状态类别。本书也研究了极限学习机(extreme learning machine，ELM)和神经网络(neural network，NN)等其他分类算法，但它们输出结果的准确率较低且算法的运行时间更长，故未在下文中展示。

### 3. 模型性能评价方法

机器学习分类模型的泛化能力是评价模型性能的重要指标。本研究中泛化能力的评价方法是将训练后的模型用于新数据集(未知数据)并计算准确率，如果模型在应用于一系列不同的新数据集时能避免欠拟合和过拟合，则表明模型的泛化能力较好。准确率($A$)是指分类模型正确预测的样本数占总样本数的比例：

$$A = \frac{N}{T} \times 100\% \tag{4-2}$$

式中，$N$ 是正确预测的样本数量，$T$ 是预测样本总数。

　　本研究采用两种操作生成新数据集以评价分类模型的泛化能力：第一种操作称为"经典操作"，将数据集拆分为训练集和测试集，使用训练集的特征观察值和相应真实标签对模型进行训练，在测试集上比较实际标签和模型预测标签间的一致性，计算模型的分类准确率。第二种操作称为"检验操作"，使用一个滑坡实验的完整数据集训练分类模型，然后利用该模型对其他实验的独立数据集进行分类，计算分类准确率。本研究既使用同一个数据集的子集又使用独立数据集作为新数据集，能够较好地评价分类模型的泛化能力。

### 4.2.2　分类模型实验数据验证

　　本节采用 2.3.2 节中滑坡剪切模型实验的数据验证分类模型。滑坡实验 1、实验 2 和实验 3 之间的比较侧重于不同的运动过程，而实验 3、实验 4 和实验 5 之间的比较侧重于不同的填充颗粒材料。声发射参数主要使用 0.25 V 电压阈值下获得的振铃计数，为研究电压阈值的影响，额外使用实验 3 在 0.1 V 电压阈值下的数据集作为实验 6。因此，本节共有六个相互独立的实验数据集用于机器学习分类模型的应用验证。

#### 1. 数据处理和结果

　　颗粒材料在剪切力下的相互作用过程中存在"粘滞-滑动"力学行为，由 SAA 测量数据计算得到的速度和加速度数据都存在较大波动。为了更加清晰地反映数据的变化规律，对速度数据使用 2 min 移动平均方法进行平滑处理，即计算每个速度测量值的前 1 min 和后 1 min 范围内的平均值；加速度数据波动更大，使用 10 min 移动平均方法进行平滑处理。需要指出的是，本研究中使用的平滑方法和时间窗口仅作为数据处理的示例，可针对不同监测数据的具体情况采用合适的平滑方法和时间窗口。以滑坡实验 3 为例，图 4.4(a)展示了经过平滑处理的速度和加速度的时间序列，并由速度和加速度数据生成了运动状态标签。大多数平滑后的速度值高于 0.5 mm/h，只有少量速度值低于 0.2 mm/h。由于实验设计的最小加载速度为 3.6 mm/h,后续分析不考虑"稳定"和"极慢"这两种速度类别。平滑后的加速度值大部分时间都在 ±3 mm/h² 区间内波动,仅在最后阶段超过 3 mm/h²。滑动加速度出现负值并不是因为减速行为,而是因为加载过程的伺服控制方式和不同阶段间的速度转换引起的速度波动。因此,在后续分析中不考虑减速行为。综上所述,本研究针对滑坡模型实验在运动状态分类系统中设计了以下标签:很慢/慢速移动(标签 2)、很慢/慢速移动并加速(标签 2A)、中等/快速移动(标签 3)和中等/快速移动并加速(标签 3A)。

　　与滑动速度和加速度相应的平滑处理方法一致,对振铃计数的平滑采用 2 min 移动平均值,对振铃计数变化率的平滑采用 10 min 移动平均值。图 4.4(b)展示了实验 3 平滑后的振铃计数和振铃计数变化率,同时保留了图 4.4(a)中的运动状态标签以进行比较分析。声发射数据在时间约 60 min、位移约 1.9 mm 时开始明显产生,在此之前的声发射测量值可以视为 0,而相应的运动状态标签为 2(很慢/慢速移动)。在实验的最后阶段,振铃计数急剧上升到最大值,振铃计数变化率也大幅跃升,运动状态标签转变为 3A(中等/快速移动并加速)。振铃计数和振铃计数变化率的变化特征与 SAA 变形测量值生成的运动状态标签保持一致,表明可使用声发射参数解释滑坡的变形行为。

**2. 单个实验数据集的机器学习分类结果(经典操作)**

　　机器学习分类模型训练采用滑坡运动状态标签和振铃计数、振铃计数变化率,而模型测试仅使用声发射数据对滑坡运动状态进行分类。本研究在分类过程中进行了两种操作:"经典操作"和"检验操作"(4.2.1 节)。经典操作针对各个实验数据集分别开展,数据集的 70% 被随机划分成训练集,其余的 30% 为测试集。分类模型在训练过程中,训练集中的两个声发射特征和真实运动状态标签都被输入模型中;而在模型测试过程中,仅将测试集中的两个声发射特征输入训练后的模型中,依靠声发射数据生成运动状态预测标签,随后将预测标签与目标标签进行比较以计算分类准确率。检验操作使用不同实验的独立数据集,以进一步研究分类模型的泛化能力。在检验操作中,实验 3 用作训练集,其他五个实验的独立数据集分别用作测试集。这六个实验在不同的条件下开展,条件包括运动过程、填充材料类型和声发射采集系统的电压阈值(2.3.2 节)。本书对三种机器学习分类模型分别进行了两种操作以验证模型效果,限于篇幅,下面以随机森林(RF)模型为例分析分类结果。

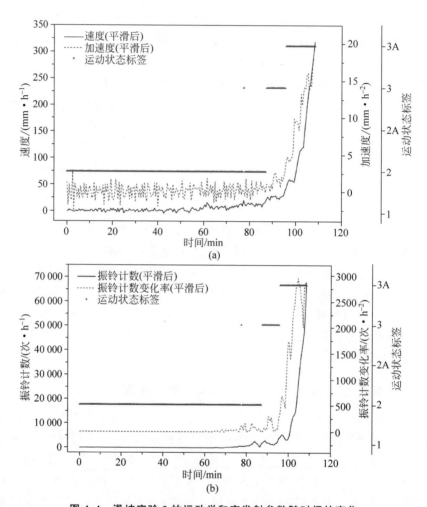

**图 4.4　滑坡实验 3 的运动学和声发射参数随时间的变化**

（a）速度、加速度和运动状态标签；（b）振铃计数、振铃计数变化率和运动状态标签

　　图 4.5 展示了 RF 模型在各个实验测试集上对运动状态的分类结果。由声发射数据生成的预测标签（十字）与 SAA 生成的目标标签（圆点）重合，表明大部分数据点都被正确分类。六个实验数据集的滑坡运动状态分类准确率均高于 90%，最高的分类准确率接近 99%。

　　RF 模型可以输出振铃计数和振铃计数变化率的特征重要度，有助于解析分类逻辑并优化分类模型。RF 分类模型使用的两个声发射特征的重要度总和为 1，重要度越大的特征在滑坡运动状态分类中的贡献越大。

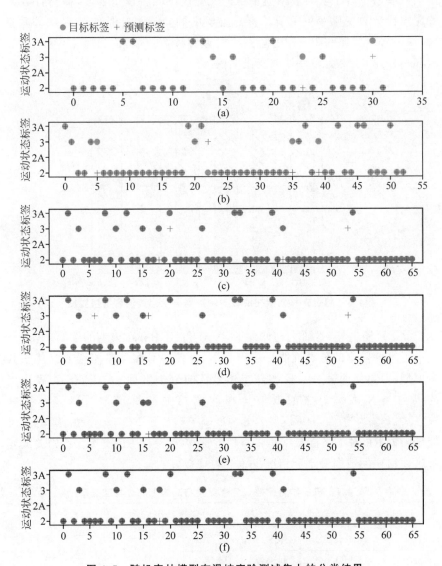

**图 4.5　随机森林模型在滑坡实验测试集上的分类结果**

（a）实验 1，准确率＝93.8％（横轴为测试样本序号，下同）；

（b）实验 2，准确率＝92.5％；（c）实验 3，准确率＝93.9％；

（d）实验 4，准确率＝95.5％；（e）实验 5，准确率＝98.5％；

（f）实验 6，准确率＝98.5％

图 4.6 展示了各个实验数据集中 RF 模型输出的特征重要度,振铃计数始终比振铃计数变化率更重要。特征重要度的差异可能是因为有 3 个标签(极慢、很慢/慢速和中速/快速)主要受振铃计数控制,而只有 2 个标签(加速和不加速)主要受振铃计数变化率控制。

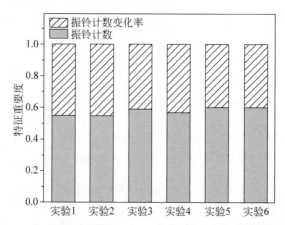

**图 4.6 随机森林模型在滑坡实验数据集上生成的特征重要度**

除 RF 模型外,本研究还评估了 SVM 和 XGBoost 模型的性能。表 4.1 展示了每种模型的分类性能。可以看出,任何一种模型都不会始终优于其他模型,但总体而言,RF 模型获得了最佳的分类准确率。RF 模型表现出的高分类准确率与之前滑坡分类问题相关的机器学习研究结果一致[146,218,219,230,231]。RF 模型的分类准确率略高于 XGBoost 和 SVM,这可能是因为 RF 对不平衡数据集具有稳健性[155],预计 RF 模型在不相关或冗余属性和缺失数据等不利情况下也会表现较好。

**表 4.1 机器学习模型在各个实验测试集上的分类准确率**

| 模型名称 | 分类准确率 | | | | | |
|---|---|---|---|---|---|---|
| | 实验 1 | 实验 2 | 实验 3 | 实验 4 | 实验 5 | 实验 6 |
| SVM | 90.6% | 94.3% | 93.9% | 90.0% | 98.5% | 98.5% |
| XGBoost | 93.8% | 90.6% | 92.4% | 95.5% | 98.5% | 96.9% |
| RF | 93.8% | 92.5% | 93.9% | 95.5% | 98.5% | 98.5% |

**3. 实验 3 作为训练集的机器学习分类结果(检验操作)**

各个实验数据集的声发射数据分布特征分析如图 4.7 所示。图 4.7 展示了各个数据集无量纲化的振铃计数-振铃计数变化率关系,每个点根据其关联的目标标签采用不同的符号表示,目标标签 2、3 和 3A 分别用圆圈、三角和菱形表示。随着振铃计数和振铃计数变化率的增加(从图 4.7 中各分图的左下角到右上角),标签依次通过 2、3 和 3A。不同类别标签交界处的

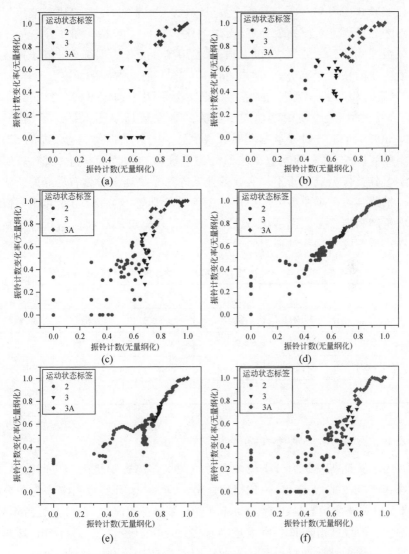

**图 4.7　滑坡实验中振铃计数-振铃计数变化率的数据分布(前附彩图)**

(a) 实验 1;(b) 实验 2;(c) 实验 3;(d) 实验 4;(e) 实验 5;(f) 实验 6

数据点出现部分重叠,即标签之间存在局部的相互混合且难以分离,这突出了利用数量级差异进行滑坡运动状态分类的必要性。对于目标标签相同的数据点(例如圆圈),图 4.7(e)中点的分布与图 4.7(c)相比略微偏向右上角。这是因为在相同滑坡速度下,实验 5 中花岗岩砾石颗粒产生的振铃计数比实验 3 中石灰石砾石高两个数量级(2.3.2 节)。尽管本研究使用了常用对数和最大绝对值缩放处理(无量纲化),减少了实验 3 和实验 5 的振铃计数数据间的巨大差异,但可以预见,使用实验 3 作为训练集并基于声发射参数生成的预测标签仍然会与实验 5 中 SAA 生成的目标标签有差异。

检验操作是将实验 3 的完整数据集分别用于训练 SVM、XGBoost 和 RF 分类模型,然后使用其他五个实验的独立数据集测试训练后的模型。表 4.2 展示了三种机器学习模型对其他五个实验数据集的分类准确率,除了实验 5 以外,每个独立数据集的分类准确率均接近或超过 90%,表明机器学习分类模型应用于不同实验条件下的独立数据集时具有良好的泛化能力。机器学习分类模型可用一个数据集进行训练,然后应用于其他类似的滑坡机制和声发射监测系统,这意味着本研究提出的滑坡运动状态分类模型在一定程度上是一种通用的方法。

**表 4.2 机器学习模型在其他实验独立数据集上的分类准确率**

| 模型名称 | 分类准确率 | | | | |
|---|---|---|---|---|---|
| | 实验 1 | 实验 2 | 实验 4 | 实验 5 | 实验 6 |
| SVM | 87.5% | 87.9% | 97.3% | 71.1% | 92.2% |
| XGBoost | 81.7% | 89.1% | 96.3% | 70.4% | 90.4% |
| RF | 86.5% | 86.8% | 97.7% | 74.8% | 93.6% |

### 4.2.3 分类模型现场数据验证

为了验证机器学习分类模型在滑坡现场监测数据集上的应用效果,本书选择 2.3.1 节中 Hollin Hill 滑坡 2016 年 3—4 月的数据集作为研究案例 1。滑坡速度由 SAA 测量计算得到,大部分速度值在 0.002~0.2 mm/h 范围内,表明 Hollin Hill 滑坡运动状态属于"很慢/慢速"。Hollin Hill 复活滑坡的周期性运动特点是从初始稳定状态转变为加速运动,随后发生减速运动并恢复到稳定状态。图 4.8 是为 Hollin Hill 滑坡设计的八标签运动状态分类系统,综合考虑了速度范围和加速、减速行为。

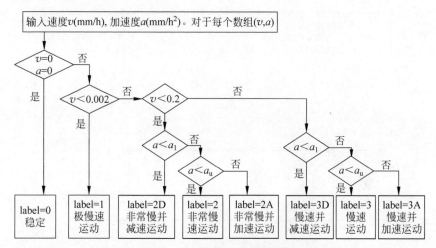

**图 4.8　Hollin Hill 滑坡运动状态标签生成流程**

　　本研究对滑坡速度进行了 10 h 移动平均处理,对加速度进行了 5 h 移动平均处理。图 4.9(a)展示了平滑后的速度和加速度数据,其中的运动状态标签按照图 4.8 的流程生成。本研究对振铃计数和振铃计数变化率采用与速度和加速度相同的数据处理方法。图 4.9(b)展示了平滑后的振铃计数和振铃计数变化率,保留了图 4.9(a)中的标签以进行比较。

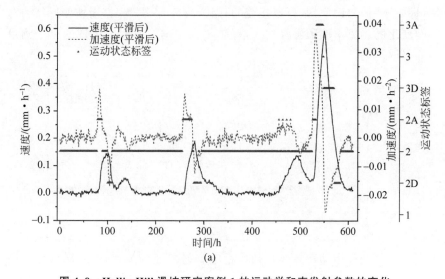

(a)

**图 4.9　Hollin Hill 滑坡研究案例 1 的运动学和声发射参数的变化**

(a)速度、加速度和运动状态标签;(b)振铃计数、振铃计数变化率和运动状态标签

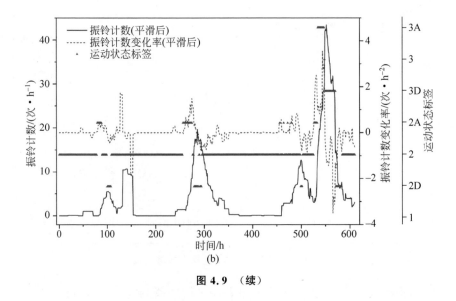

图 4.9　(续)

　　本书从 Hollin Hill 滑坡研究案例 1 中随机选取 70% 的数据训练 RF 模型,将其余 30% 的数据作为测试集,得到的分类准确率为 90.2% (图 4.10),表明 RF 模型在滑坡现场监测数据分类任务中表现较好,验证了机器学习是对滑坡运动状态进行自动分类的有效方法。90% 的分类准确率(即 1/10 的错误率)是可以接受的,因为决策者一般根据滑坡变形行为随时间变化的趋势采取预警等响应措施,不会根据短时间内出现的单个测量值而采取行动。

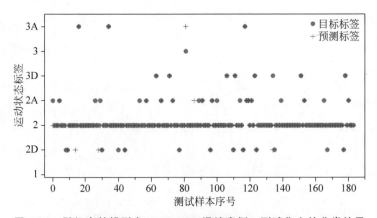

图 4.10　随机森林模型在 Hollin Hill 滑坡案例 1 测试集上的分类结果

　　本书选取 Hollin Hill 滑坡 2014 年 1 月 9—31 日共 22 天的监测数据集作为研究案例 2,进一步验证分类模型。图 4.11 展示了研究案例 2 的滑坡监测数据随时间的变化,速度和振铃计数数据是经过 10 h 移动平均处理后的平滑值,加速度和振铃计数变化率是经过 5 h 移动平均处理后的平滑值。根据图 4.8 中的流程方法,利用滑坡速度和加速度的测量值得到了图 4.11 中的运动状态标签。RF 模型在研究案例 2 测试集上的分类准确率为 90.3%(图 4.12),再次表明机器学习方法能够有效实现滑坡运动状态的自动准确分类。

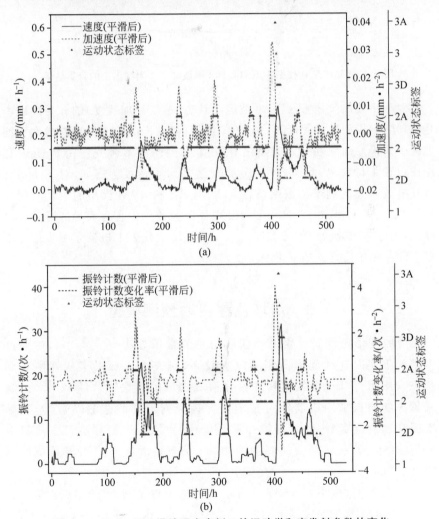

**图 4.11　Hollin Hill 滑坡研究案例 2 的运动学和声发射参数的变化**

(a) 速度、加速度和运动状态标签；(b) 振铃计数、振铃计数变化率和运动状态标签

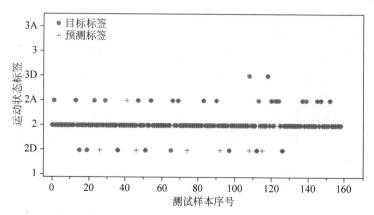

图 4.12　随机森林模型在 Hollin Hill 滑坡案例 2 测试集上的分类结果

对于滑坡风险预警而言,滑坡运动状态(速度和加速度)的分类准确率是机器学习模型性能评价和比较的关键指标,高准确率的模型能最大程度地减少误报并确保在危险时发出有效预警。此外,本研究还在 Python 程序中设置了计时器以比较不同分类模型的运行速度。例如,对于 Hollin Hill 滑坡研究案例 1 的数据集,RF、XGBoost 和 SVM 模型的运行时间分别为 85 s、57 s 和 13 s。Hollin Hill 现场监测数据中含有大量的野外环境噪声,因此本研究获得的分类准确率一定程度上代表了机器学习模型在滑坡实际监测中能达到的准确率。

## 4.3　滑坡位移自动预测模型

滑坡变形监测是预警系统获取信息的常用方法[28,75,84,87],然而许多情况下实时连续变形监测的成本较高,研究人员探索了从降雨量和孔隙水压力等其他参数解释并量化滑坡变形的方法[102,214,218,232]。越来越多的研究采用机器学习技术根据一系列不同的监测参数(包括触发因素和响应参数)开展滑坡位移预测[146,233-235]。机器学习方法具有处理非线性关系和复杂问题的能力,可以提高滑坡风险预警系统的可靠性[217]。

本节的滑坡变形行为研究主要关注深部位移预测,进而根据需要可以计算得到速度和加速度等运动学参数。本节提出和论证基于声发射和降雨量这两个参数使用机器学习回归模型自动预测滑坡位移,并将模型应用到滑坡现场监测数据集上,通过比较预测值和测量值评估位移预测的准确率。本节选择 2.3.1 节中英国 Hollin Hill 滑坡作为研究案例,采用高质量(数据集完整且连续)的 SAA 深部位移和有源波导声发射数据,验证滑坡位移预测模型的有效性。

## 4.3.1　预测模型构建

### 1. 数据准备

本研究中的预测模型使用了滑坡位移、声发射和降雨量数据,深部位移数据由 SAA 获取,声发射数据主要采用振铃计数。声发射直接响应于滑坡深部变形而产生,二者数据同步变化。降雨是滑坡变形的触发因素,二者数据在统计上存在密切关联。本研究中的机器学习回归模型主要关注变量间的相关关系,虽然声发射和降雨这两个变量与滑坡变形的关系类型存在差异,但是在数据驱动模型中都可以发挥作用。本书将降雨量作为声发射数据的补充信息以提高滑坡位移预测的准确性。

### 2. 机器学习位移预测模型

机器学习回归模型是预测数值型连续随机变量的有监督学习算法。本研究中的回归模型使用特征参数(声发射、降雨量)和目标参数(滑坡位移)的历史数据进行训练,然后将声发射和降雨量的持续监测值作为输入,运行模型并输出位移预测值。本研究运用了四种机器学习模型:极限学习机(ELM)、LASSO-ELM、支持向量回归机(SVR)和反向传播神经网络(BP-NN),相关的模型算法和调参方法已在 1.2.3 节详细介绍。

### 3. 模型性能评估

机器学习回归模型的性能评估应比较模型预测值与实际测量值间的差异以计算预测准确率。本研究将四个常见的误差指标用于评估滑坡位移预测模型的性能,分别是平均绝对误差(mean absolute error,MAE)、平均绝对百分比误差(mean absolute percentage error,MAPE)、均方误差(mean square error,MSE)和均方根误差(root mean square error,RMSE),如式(4-3)～式(4-6)所示:

$$MAE = \frac{1}{n} \sum_{i=1}^{n} |\hat{y}_i - y_i| \tag{4-3}$$

$$MAPE = \frac{100\%}{n} \sum_{i=1}^{n} \left| \frac{\hat{y}_i - y_i}{y_i} \right| \tag{4-4}$$

$$MSE = \frac{1}{n} \sum_{i=1}^{n} (\hat{y}_i - y_i)^2 \tag{4-5}$$

$$RMSE = \sqrt{\frac{1}{n} \sum_{i=1}^{n} (\hat{y}_i - y_i)^2} \tag{4-6}$$

式中,$\hat{y}_i$ 表示位移的预测值,$y_i$ 表示位移的实际测量值。

## 4.3.2 预测模型现场数据验证

### 1. 数据选取和处理

本书选择 Hollin Hill 滑坡 2015 年 9 月—2016 年 4 月的监测数据作为研究案例 3,时间跨度共 223 天,这一时期内的位移、声发射和降雨量数据连续且完整。声发射监测数据的时间分辨率为 15 min 或 30 min,而位移和降雨量数据的时间分辨率均为 1 h。为使这三个参数的时间分辨率保持一致,计算生成了 1 h 分辨率的声发射数据。研究案例 3 包含位移、声发射和降雨量三个参数各自的 5362 个数据。本研究中滑坡监测数据 1 h 的时间分辨率明显高于其他滑坡位移预测研究中常用的 1 天或 1 个月的分辨率[146,214,218,220,236]。高时间分辨率数据生成的数据集信息更丰富,有利于机器学习模型提取数据内部的精细特征,防止模型训练过程中的欠拟合和过拟合,能够更准确地量化参数间的关系。

滑坡研究案例 3 的累计位移、累计振铃计数和累计降雨量时间序列数据如图 4.13 所示,三个参数的变化特征和趋势分析如下。位移曲线表明滑坡运动具有周期性的特点,加速运动和减速运动的交替发生导致位移呈现"阶梯状"变化特征。累计振铃计数和累计位移的局部弱相关是由于滑坡复杂的运动机制引起了变形-声发射关系的不稳定。随着滑面的变形和发展,有源波导的几何形状和内部颗粒材料的结构状态发生了变化。图 4.14 采用分段线性拟合的方法量化累计振铃计数与累计位移间的关系,反映出滑坡过程中变形-声发射关系的动态变化,利用经验公式等方法难以量化这一复杂的动态关系。

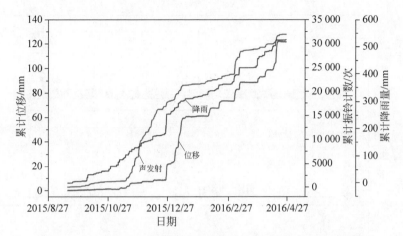

图 4.13　Hollin Hill 滑坡案例 3 的累计位移、振铃计数和降雨量

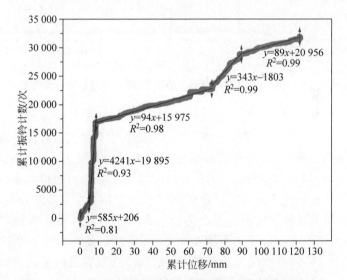

图 4.14　Hollin Hill 滑坡案例 3 累计位移-累计振铃计数关系

　　滑坡速度、振铃计数和降雨量数据如图 4.15 所示,三个参数的局部波动在时间上并不同步且具有随机性。图 4.15 中局部区域出现了反常声发射事件,表现为滑坡速度处于极低水平时却监测到了明显的振铃计数,可能是由于滑坡现场噪声的影响。滑坡速度和单位时间降雨量具有类似的变化趋势,二者曲线的局部极大值多次出现在相近的时间点,据此推测滑坡变形滞后于降雨的时间较短。

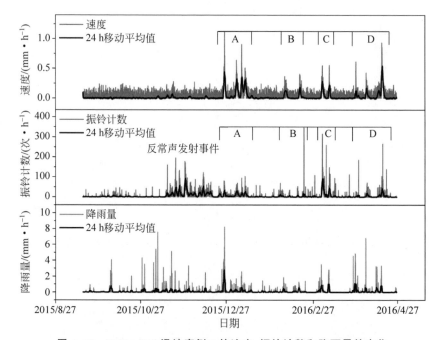

图 4.15 Hollin Hill 滑坡案例 3 的速度、振铃计数和降雨量的变化

Hollin Hill 滑坡位移主要由降雨事件触发,理论上位移的变化应滞后于相应的降雨事件。为了量化滑坡变形和降雨事件之间存在的时间间隔对二者相关性的影响,假设位移滞后于降雨的时间间隔为 0 h、1 h、2 h······24 h 不等,计算降雨量和滞后的位移时间序列数据之间的相关系数。降雨量和位移数据集都不满足正态分布,两个变量之间也不是线性相关,无法使用皮尔逊相关系数。根据数据集的特点选用了斯皮尔曼和肯德尔相关系数,当两个非正态变量完全单调正相关时,斯皮尔曼和肯德尔系数均应为 1。图 4.16 显示,当降雨和滞后的位移时间序列数据之间假设的时间间隔在 6~16 h 时,二者的相关系数处于最高水平,这表明 Hollin Hill 滑坡位移对于触发性降雨事件的响应滞后时间小于 1 天。

Hollin Hill 的滑面在地下约 2 m 相对较浅的位置,滑坡变形容易受到降雨触发且响应时间较短,滑坡位移与前期降雨之间的滞后时间小于 1 天,滞后时间远小于数据集数月的时间跨度,因此本研究使用与位移同期的降雨量时间序列。然而,对于滑面较深或渗透系数较低的其他土质滑坡,位移和降雨间的滞后时间会更大,应考虑构建包含降雨强度(单位时间降雨量)和持续时间的前期降雨量时间序列,进一步提高位移和降雨数据之间的相关性。

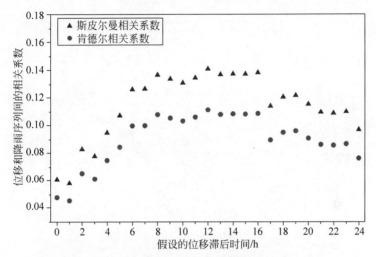

**图 4.16　滑坡位移-降雨量相关性随假设的滞后时间的变化**

### 2. 位移预测结果和分析

Hollin Hill 滑坡现场监测数据被划分为训练集和测试集,如图 4.17 所示。滑坡监测数据的前 80%(约 180 天)用于训练,位移、声发射和降雨量各自有超过 4000 个数据;监测数据的后 20%用于测试,每个参数各有超过 1000 个数据。在训练过程中,位移监测数据用于生成机器学习预测模型;在测试过程中,位移监测数据用于与模型输出的位移预测值进行比较以计算得到预测准确率。

机器学习模型根据声发射和降雨量连续监测数据输出的位移预测曲线如图 4.18 所示,本研究将位移预测值和位移实际测量值(图中"实线")进行比较。需要说明的是,在模型测试过程中仅向模型提供声发射和降雨量数据,未使用位移测量数据生成图 4.18 中位移预测曲线的起点。位移预测曲线和实际测量曲线的起点不重合,并且各个位移预测曲线的起点之间也有较大差异。其他研究中也出现过位移预测曲线与实际测量曲线起点不一致的现象[146,217,218]。SVR 模型输出的位移预测值自始至终都高于实际测量值,表明 SVR 过高估计了位移。BP-NN 模型生成了比 SVR 更接近位移测量值的预测曲线。ELM 模型输出的位移预测曲线的起点明显低于其他模型,这可能是因为 ELM 学习得到了较差的回归关系。在四种机器学习模型中,LASSO-ELM 模型输出了最准确的位移预测值,不仅预测结果最接近位移测量值,还能跟随位移测量值的变化而变化。

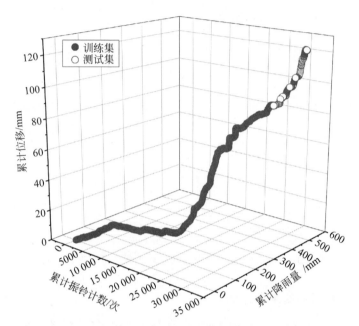

**图 4.17　Hollin Hill 滑坡研究案例 3 监测数据的训练集和测试集**

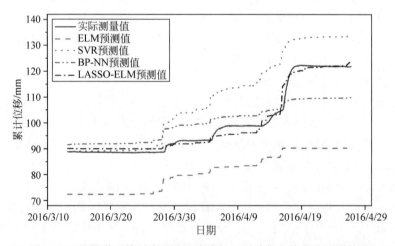

**图 4.18　机器学习模型在滑坡研究案例 3 测试集上的位移预测结果**

　　基于式(4-3)～式(4-6)中预测误差指标的计算方法,本研究对四种机器学习模型进行了定量的性能评估,结果如表 4.3 所示。LASSO-ELM 在滑坡位移预测上表现最佳,得到的平均绝对百分比误差(MAPE)和均方根误差(RMSE)值最低,MAPE 为 1.5%,RMSE 为 1.8 mm,这与图 4.18 的直观判断和定性分析结果一致。SVR 和 BP-NN 的主要局限性是难以通过遍历模型参数确定全局最优解。ELM 只包含一个隐藏层,控制参数是隐藏神经元的数量,单个 ELM 预测误差较大。LASSO 正则化为多个 ELM 集成结构中性能最佳的 ELM 赋予了更多权重,压缩了次要 ELM 的权重,筛选得到了较少的 ELM,降低了模型复杂度,避免了过拟合,提高了预测准确率。LASSO-ELM 输出的位移预测值将用于后文研究训练期长度对预测准确率的影响。

表 4.3　机器学习模型在滑坡研究案例 3 测试集上的位移预测性能

| 评估指标 | 模型预测误差 | | | |
|---|---|---|---|---|
| | ELM | LASSO-ELM | SVR | BP-NN |
| MAE/mm | 18.8 | 1.5 | 9.2 | 6.1 |
| MAPE/% | 17.9 | 1.5 | 8.9 | 5.8 |
| MSE/mm | 402.6 | 3.3 | 127.1 | 49.6 |
| RMSE/mm | 20.1 | 1.8 | 11.3 | 7.0 |
| $R^2$ | 0.2 | 0.9 | 0.3 | 0.7 |

**3. 训练期长度对位移预测的影响**

上文开展的滑坡位移预测使用了约 180 天的训练期,下面研究训练期长度对位移预测结果的影响。本研究中用于训练和测试的数据总数是恒定的,随着使用的训练数据量增加,测试数据量(测试期)会减少。图 4.19 展示了 LASSO-ELM 模型在不同测试期下的位移预测结果,测试期从 60 天到 10 天,以 10 天为幅度递减;相应地,训练期从 163 天到 213 天,以 10 天为幅度递增。总的来说,图 4.19 中所有位移预测曲线都接近于位移测量值,表明 LASSO-ELM 模型适用于短期(例如 10 天)、中期(例如 30 天)和长期(例如 60 天)位移预测。

表 4.4 总结了不同训练期下 LASSO-ELM 模型的位移预测性能。图 4.20 展示了 LASSO-ELM 模型预测误差与训练期长度之间的关系。图 4.20 表明,随着训练期长度的增加,以 MAPE 和 RMSE 为代表的预测误差呈下降趋势。据此推测,模型预测准确率随着训练数据量的增加而增加。这一发现对于实际应用具有指导意义,LASSO-ELM 模型可以定期(例如每 10 天)更新一次,逐步增加训练数据量以提高位移预测准确率。

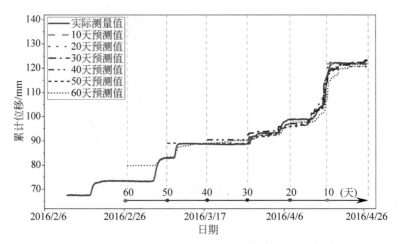

图 4.19　不同测试期下 LASSO-ELM 模型的滑坡位移预测结果（前附彩图）

表 4.4　不同训练期下 LASSO-ELM 模型的位移预测性能

| 训练期天数 | 163 | 173 | 183 | 193 | 203 | 213 |
|---|---|---|---|---|---|---|
| 测试期天数 | 60 | 50 | 40 | 30 | 20 | 10 |
| MAE/mm | 2.0 | 1.2 | 1.5 | 1.3 | 1.0 | 0.5 |
| MAPE/% | 2.2 | 1.2 | 1.5 | 1.3 | 0.9 | 0.4 |
| MSE/mm | 8.0 | 3.4 | 3.6 | 2.6 | 1.9 | 0.9 |
| RMSE/mm | 2.8 | 1.8 | 1.9 | 1.6 | 1.4 | 1.0 |
| $R^2$ | 0.9 | 0.9 | 0.9 | 0.9 | 0.9 | 0.9 |

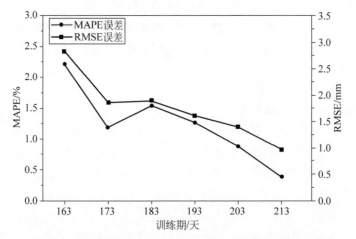

图 4.20　不同训练期下 LASSO-ELM 模型的滑坡位移预测误差

#### 4. 滑坡研究案例 4 的位移预测

本书获取了 Hollin Hill 滑坡另一组数据集作为研究案例 4，以进一步验证机器学习方法预测滑坡位移的能力。图 4.21 展示了 2014 年 1 月 9—27 日的累计位移、累计振铃计数和累计降雨量数据，每个参数包含 430 多个数据。各参数时间序列数据的前 80％用于训练，后 20％用于测试。图 4.22 展示了不同机器学习模型的位移预测结果。与研究案例 3 一样，LASSO-ELM 模型预测的位移曲线最接近实际测量值。表 4.5 详细评估了各个机器学习模型的预测性能，LASSO-ELM 模型在位移预测上具有最低误差和最佳性能。

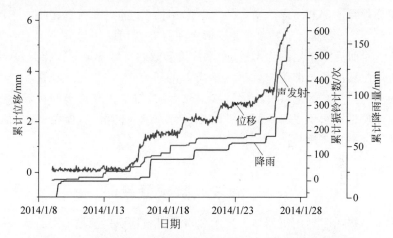

**图 4.21　Hollin Hill 滑坡案例 4 的累计位移、振铃计数和降雨量**

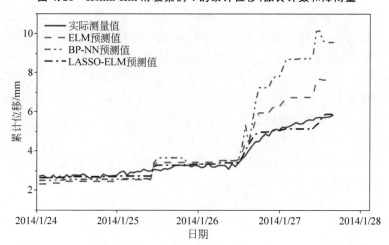

**图 4.22　机器学习模型在滑坡研究案例 4 测试集上的位移预测结果**

表 4.5    机器学习模型在滑坡研究案例 4 测试集上的位移预测性能

| 评 估 指 标 | 模型预测误差 | | |
|---|---|---|---|
| | ELM | LASSO-ELM | BP-NN |
| MAE/mm | 0.6 | 0.2 | 1.1 |
| MAPE/% | 45.7 | 4.0 | 23.3 |
| MSE/mm | 0.7 | 0.1 | 3.0 |
| RMSE/mm | 0.8 | 0.2 | 1.7 |
| $R^2$ | 0.4 | 0.9 | 0.2 |

滑坡声发射监测技术的优势是相较许多传统技术以更低的成本获得高时间分辨率的深部变形信息[116]。有源波导产生的声发射直接响应于滑坡变形[126,129],声发射参数和滑坡变形之间存在密切的正相关关系。而其他机器学习研究中常用的降雨量、库水位等参数和滑坡变形间接相关,本研究对滑坡位移的预测准确率优于其他类似的研究[146,214,218]。尽管本研究采用的现场监测数据来自再活化浅层土质滑坡,但本研究提出的机器学习位移预测模型适用于更深滑面和不同变形行为模式的滑坡,模型将在第 5 章中开展进一步应用验证。

## 4.4　滑坡风险预警策略

本书提出了利用机器学习技术和声发射数据识别滑坡变形行为的分析模型。模型的优势在于适用性更强、预测更准确且自动化水平高,不需要专业人员花费大量时间做专门分析,能快速高效地给出滑坡位移、速度和加速度等关键结果,新增了加速度信息为滑坡风险预警提供有效支撑。基于以上研究成果,本书提出了滑坡风险预警流程(图 4.23),主要根据滑坡速度分级标准和加速度状态推测滑坡发生的可能性以及危险程度,通过生成预警级别建议并采取响应措施达到防灾减灾的目的。每一种预警级别中的每一个运动状态标签都被定义了明确的速度范围和加速度状态,在实际应用中可操作性强。例如,"2A"表示滑坡速度在 0.002～0.2 mm/h 范围内并且处于加速运动状态,如果滑坡标签在一段时间内持续为"2A",本研究建议发布黄色预警。

然而,滑坡位移测量数据缺失或声发射数据变化范围未知等不利情况会影响机器学习模型的有效应用,下面给出预警策略缓解滑坡现场可能出现的不利状况。

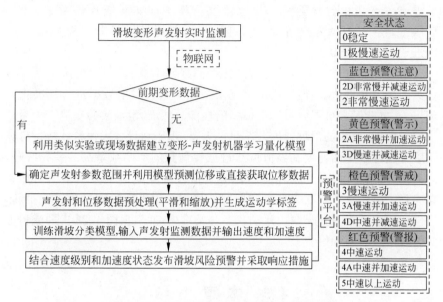

**图 4.23　基于滑坡运动状态的风险预警流程**

　　一般情况下,滑坡现场应同时进行变形和声发射监测。测斜仪和 SAA 等深部位移直接测量设备成本较高,获取的是某个钻孔沿深度方向的完整变形信息,如果布设数量较少则有可能错过关键变形位置,不能及时有效预警。声发射监测设备的成本远低于测斜仪和 SAA,可以考虑将多个高性价比的声发射监测设备安装分布在滑坡上的不同位置,同时安装一套 SAA 提供高精度的深部位移数据。位移数据用于多个声发射设备监测数据的机器学习,机器学习模型在监测期间动态更新以不断提高预测准确率。上述方法在成本可接受的前提下扩大了滑坡深部变形监测的覆盖范围,能够获取滑坡整体变形状态的高质量时间和空间信息。

　　声发射监测预警方法应用于滑坡现场时,需要考虑滑坡的岩土性质、演化机制和触发因素等条件,以及预期的运动模式和滑动速度等状态。对于复活滑坡的缓慢变形行为,如果监测一段时间后无法继续获取深部位移数据,可使用前期变形和声发射监测数据训练机器学习模型,随后基于声发射数据通过机器学习预测持续提供位移数据。然而,对于滑坡首次破坏,只有在变形事件发生后才能获取到明显的声发射数据,需要使用滑坡机制和声发射系统类似的实验或现场数据训练机器学习模型,然后基于声发射监测数据预测滑坡变形行为。在滑坡现场没有位移测量数据的情况下也需要依靠类似实验或现场数据,如果后续获得了位移直接测量数据,则可以动态更新机器学习模型得到更为准确的预测结果。

滑坡现场没有声发射历史监测数据同样是个难题,因为无法定义振铃计数的最大预期值,不能使用最大绝对值缩放对声发射数据进行标准化处理,进而可能影响机器学习分类模型的性能。然而,滑坡实验获取了大量的声发射数据,模拟的滑坡速度范围足够大,可用于估计最大振铃计数。滑坡速度分级标准中的速度临界值可通过振铃计数的两个数量级的差异区分,因此估计振铃计数最大值不太可能导致滑坡运动状态分类结果的明显错误。最大振铃计数可在滑坡监测期间根据声发射的实际测量值进行更新,进而运用机器学习模型输出运动状态分类结果,并根据图 4.23 中的流程方法开展滑坡风险预警。

## 4.5 本章小结

滑坡变形-声发射的响应关系受到有源波导系统可变因素的影响,现有的定性判断和经验公式等方法难以有效解释不同监测系统的声发射数据。本研究运用机器学习方法自动分析声发射监测数据,建立了滑坡运动状态自动分类模型和滑坡位移自动预测模型,从声发射数据中提取滑坡变形行为的有效信息。在滑坡运动状态自动分类模型的研究过程中,本书基于滑坡速度分级标准并补充了加速度状态类别,进而提出了滑坡运动状态分类流程化方法,使用机器学习分类模型基于声发射监测数据自动识别滑坡运动状态,并在滑坡实验和现场监测数据集上应用验证。除了机器学习的经典操作,本书还进行了检验操作以评价分类模型的泛化能力:使用一个实验数据集训练模型,然后将训练后的模型应用于类似但独立的新数据集中。此外,本研究提出了基于声发射监测数据的滑坡位移自动预测模型,利用机器学习模型基于声发射和降雨量的监测数据自动预测(量化)滑坡位移,考虑了滑坡位移与降雨间的滞后效应,并将模型在滑坡现场数据集上应用验证。本研究还提出了滑坡风险预警策略。本章的主要结论如下:

(1) 滑坡运动状态自动分类模型中,机器学习模型基于振铃计数和振铃计数变化率可自动识别滑坡速度级别和加速度状态,模型应用于滑坡实验和现场监测数据集上的分类准确率超过 90%。分类模型应用于类似实验的独立新数据集中,分类准确率接近 90%。

（2）滑坡位移自动预测模型中，机器学习模型基于声发射和降雨量的连续监测数据可自动预测滑坡位移，在缺少变形直接测量数据期间可通过模型预测持续获取位移数据。LASSO-ELM 模型对滑坡位移预测的性能最佳，位移预测值与实际测量值间的均方根误差小于 2 mm。

（3）机器学习模型是声发射监测数据的自动分析方法，达到了人工分析的高准确率，且大大提升了效率，可快速输出滑坡位移、速度和加速度信息，进而可根据滑坡变形行为和风险预警策略生成预警级别建议。

# 第5章 滑坡声发射监测系统现场试验研究

## 5.1 本章引论

本章研发了阵列式声发射监测设备,结合第 3 章和第 4 章的研究成果发展形成了滑坡声发射监测系统,进而将声发射监测系统应用于我国 8 处不同类型的土质滑坡,并基于现场监测数据采用机器学习模型自动分析量化滑坡变形行为。

第 2 章指出了现有声发射监测系统的不足之处,为克服这些不足并进一步提升滑坡现场监测成效,本章设计了新型阵列式声发射监测设备,解决了现有声发射监测设备结构不统一、施工复杂和数据难比较等问题,实现了设备试制的标准化和数据解释的一致性,提升了设备现场安装应用的简易性和实用性。由第 3 章和第 4 章研究可知,基于滑坡变形-声发射响应规律和机器学习分析模型,可通过声发射参数量化滑坡的变形行为(位移、速度和加速度)。阵列式声发射设备为滑坡深部变形监测提供了低成本、高灵敏度的有效手段,有利于面向滑坡灾害易发的山区推广应用。本章选取 8 处土质滑坡开展声发射监测系统现场试验研究,设计了现场监测方案并详细介绍了 2 处滑坡案例。本章获取了滑坡现场数月的连续监测数据,利用机器学习模型自动分析声发射数据并量化滑坡变形行为,自动分析模型的应用效果较好。

本章剩余部分按照如下方式组织:5.2 节阐述阵列式声发射监测设备的研发过程,介绍滑坡声发射监测系统、滑坡现场试验方案和研究案例;5.3 节利用机器学习模型分析滑坡现场监测数据并量化滑坡变形行为;5.4 节是本章小结。

## 5.2 设备研发及现场试验

根据 2.5 节对现有声发射监测系统不足之处的分析,声发射监测设备的标准化和简易安装应用是亟待解决的难题。本节设计了新型阵列式声发射监测设备,阐明了监测设备的工作原理,介绍了设备的各个组成部分和材料选型,分析了新型监测设备的优势。本节还发展了监测设备与信息系统相结合的滑坡声发射监测系统,将监测系统应用于 8 处土质滑坡,设计了现场试验方案,并详细介绍了监测期间发生明显变形的 2 处滑坡案例。

### 5.2.1　新型监测设备设计

#### 1. 设备结构及工作原理

阵列式声发射监测设备的主要结构是标准化的有源波导监测单元,称为"阵列式有源波导声发射监测单元",简称"波导单元",如图 5.1 所示。波导单元的主要结构包括外管体、内管体、填充颗粒和环形金属盖,外管体是柔性软管,内管体是金属管,颗粒材料填充在内外管体之间。环形金属盖用于封堵颗粒材料,使得每个波导单元相对独立。内管体两端设有连接部位,多个波导单元可上下串联形成线性监测阵列,声发射传感器安装在监测阵

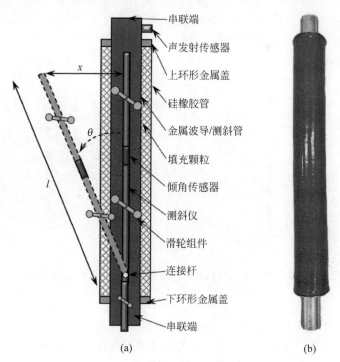

串联端

声发射传感器

上环形金属盖

硅橡胶管

金属波导/测斜管

填充颗粒

倾角传感器

测斜仪

滑轮组件

连接杆

下环形金属盖

串联端

(a)　　　　　　　(b)

**图 5.1　阵列式有源波导声发射监测单元结构示意图**

(a) 监测单元;(b) 实物照片

列最上方金属管的侧壁。金属管内部空腔可放置多个彼此串联的测斜仪,测斜仪两侧有滑轮组件,便于安装在金属管内。滑坡变形引起阵列式声发射监测设备的倾斜或弯曲,声发射产生的同时测斜仪也同步采集到深部变形数据,实现了声发射和深部变形的一体化监测。测斜仪分布在钻孔内不同的高程,获取沿深度方向上各个位置的水平位移。相邻的两节测斜仪间可自由地发生相对偏转,由单节测斜仪的固有长度 $l$ 和偏转角度 $\theta$ 根据 $x = l\sin\theta$ 可计算得到水平位移。

　　波导单元在滑坡体内主要受到剪切和挤压作用。阵列式监测设备埋设于土质滑坡体钻孔中,穿过滑体并进入滑床。如图 5.2(a)所示,滑坡过程中滑体和滑床间发生相对位移,波导单元主要受到剪切作用,剪切力是两组方向相反、作用线彼此接近的平行力系。剪切变形主要发生在两组平行力系的交界面上,剪切受力面是波导单元的圆形横截面,即波导单元变形和颗粒材料相互作用主要发生在滑面处。除了剪切之外,岩土体和波导单元之间还发生挤压作用,挤压受力面是波导单元外侧圆柱的实际接触面在直径平面上的垂直投影面如图 5.2(a)所示。随着土质滑体下滑,阵列式监测设备在挤压力的作用下逐渐朝滑动方向倾斜。

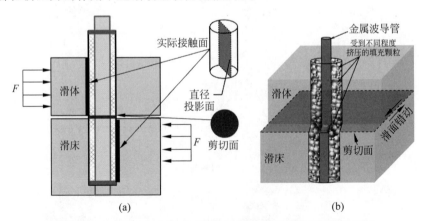

(a)　　　　　　　　　　　　(b)

**图 5.2　波导单元受力分析与颗粒材料相互作用示意图**(前附彩图)

(a) 波导单元受力分析;(b) 颗粒材料相互作用

　　声发射信号主要由颗粒材料在外界变形下发生的相互作用产生。波导单元受到的剪切和挤压作用通过外层软管传递到内部的颗粒材料,引起颗粒间的碰撞、摩擦并产生声发射信号,如图 5.2(b)所示。颗粒材料声发射响应于外界变形程度,声发射信号主要来自相对变形最为显著的滑面位置。

颗粒材料放大了滑坡深部微小变形产生的声发射信号,波导单元实现了高灵敏度的深部变形监测,具有发现滑坡前兆现象的潜力。当滑体的变形速度增加,颗粒间相互作用的数量和强度也会增加,产生更多、更高水平的声发射信号,据此可量化变形-声发射间的关系。

**2. 设备组成及材料性质**

本研究在阵列式声发射监测设备试制过程中通过控制材料选型和生产工艺实现波导单元的标准化。本研究考虑经济性、环境耐受性和使用寿命等因素,经过不同材料和形状等性质的管材实验对比,确定外管体采用硅橡胶柔性软管,内管体采用铝合金管,分别如图 5.3(a)和(b)所示。软管套设在铝合金管外侧,铝合金管长度为 1 m 且两端均伸出软管如图 5.3(c)所示。内外管体间形成空隙,空隙内填充坚硬的岩石颗粒,如图 5.3(e)和(f)所示。每个波导单元包含上、下环形金属盖,金属盖外沿与外管体相连,内沿与内管体相连,多个波导单元相互串联构成线性监测阵列如图 5.3(d)所示。金属管间彼此刚性连接形成一根连续的声学波导管,有效降低了声发射信号传播过程中的衰减。铝合金管既作为声发射信号低衰减传播的声学波导管,又作为测斜仪的标准测斜管,实现了声发射和变形的一体化监测。

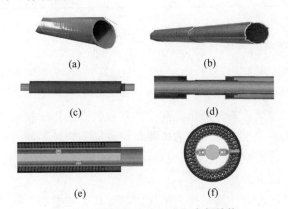

**图 5.3　波导单元的组成和内部结构**

(a) 硅橡胶管;(b) 铝合金管;(c) 组合套管;(d) 串联结构;(e) 侧视剖面图;(f) 俯视剖面图

硅橡胶是一种高分子弹性材料,柔软度和回弹性较好。硅橡胶管受力易变形,可灵敏感知外界变化,同时具有耐高温高压、耐腐蚀磨损、耐老化疲劳和绿色环保等特点。硅橡胶管的柔韧性较好,可以承受压缩、剪切和弯曲作用。硅橡胶管的尺寸可根据实际需要选用,本研究采用的硅橡胶管长度为 800 mm,外径为 120 mm,内径为 100 mm,壁厚 10 mm。硅橡胶管对外界岩土环境起到了隔离作用,使得监测设备相对独立,增强了监测设备对不同岩土环境的适应能力。

填充颗粒材料选用性质相近的花岗岩砂砾。花岗岩颗粒具有硬度大、强度高、耐磨损和抗腐蚀等特点,能够在碰撞、摩擦等相互作用下依然保持结构和功能的完整性。本研究选用的花岗岩砂砾经过分级筛选,颗粒尺寸在 6～9 mm 范围内。表 5.1 列出了两种颗粒材料的尺寸、密度和硬度等参数,剪切实验发现花岗岩砂砾比硅砂更早产生了高水平声发射信号,这是由于花岗岩砂砾尺寸大且棱角多,颗粒相互作用后激发了频繁强烈的声发射。声发射信号频率与铝合金管的性质密切相关,主要频率集中在 20～30 kHz 范围,采用窄带滤波技术可排除环境噪声的干扰。

**表 5.1  两种填充颗粒材料的性质**

| 颗粒名称 | 颗粒尺寸 | | 密实程度 | | | 硬度 |
|---|---|---|---|---|---|---|
| | 尺寸范围/mm | 均匀系数 | 颗粒密度/$(kg \cdot m^{-3})$ | 堆积密度/$(kg \cdot m^{-3})$ | 空隙率 | 莫氏硬度 |
| 硅砂 | 4.0～8.0 | 1.83 | 2650 | 1750 | 0.54 | 5～7 |
| 花岗岩砂砾 | 6.0～9.0 | 1.51 | 2670 | 1500 | 0.71 | 5～7 |

### 3. 新型设备的优势

与现有声发射监测设备(2.2 节)相比,新型阵列式声发射监测设备至少具有以下四个方面的优势:

一是通过监测设备标准化提高了声发射数据的可比较性。设备结构和材料的标准化减少了不同声发射监测系统或同一系统不同时期的条件差异对声发射信号的影响,避免了在现场填充颗粒和分层压实等复杂操作,简化监测并降低了成本。

二是通过声发射和测斜仪一体化监测提高了数据的可靠性。一体化监测不仅避免了另外钻孔安装测斜仪引起的一系列问题,还通过不同技术互相校核验证提升了测量数据的可靠性和综合分析价值。

三是通过柔性外管隔离增强了设备对不同地质环境的适应性。声发射信号来源于设备自身的结构变形和内部材料的相互作用,这种设计减少了周围复杂地质环境对监测数据的影响,使设备适用于不同地质条件的滑坡监测。

　　四是"外柔内刚"的结构提升了设备承受剪切和弯曲作用的能力。传统的金属波导管在滑坡监测过程中常会因为材料变形而被破坏。本书中的柔性外管和颗粒材料对金属管起到缓冲和保护作用,设备主要发生结构变形,一定程度上具备土质滑坡深部变形持续监测的能力。

　　阵列式声发射监测设备通过标准化试制和简易化应用部分消除了声发射产生、传播和采集过程的复杂性,降低了声发射信号的解释难度,提升了变形-声发射量化关系的一致性和准确性,更适合滑坡现场的实际应用。现有声发射监测设备适用于滑体厚度 10 m 以内浅层滑坡(2.5 节),而阵列式声发射监测设备至少将适用范围扩大到 25 m 以内的中层滑坡(5.2.3 节)。声发射监测设备成本较低,可将多套设备布设在同一滑坡隐患点,并在其中一套设备中安装测斜仪,同步获取声发射和深部变形数据,动态量化变形-声发射关系,为滑坡风险早期预警提供支撑。

## 5.2.2　声发射监测系统及应用

### 1. 声发射监测系统

　　滑坡声发射监测系统由波导单元、数据采集传输模块、供电系统和预警信息系统组成,主要监测对象为滑坡深部变形。图 5.4 展示了滑坡声发射监测设备的各个组成部分,将阵列式监测设备通过钻孔垂直埋入滑坡体内,高效敏捷地获取滑坡内部变化的早期信息。声发射信号主要在滑面附近产生,沿着金属波导管向上传播,并被地面上的传感器所采集,监测数据通过物联网远程传输到滑坡预警信息系统。监测设备采用锂电池与太阳能相结合的供电方式,适用于滑坡野外长期监测。声发射监测系统的基本功能是检测、量化和传递滑坡变形行为的相关信息,判断滑坡"失稳"或"稳定"的变化趋势,为滑坡风险预警提供有力支撑。

　　滑坡声发射监测设备主要包括波导单元和数据采集传输模块。每个圆柱形波导单元的外径为 12 cm,长度为 1 m,重量约 5 kg。每个波导单元为标准件,上下两端为连接位置,使用数量可根据滑面深度灵活确定。波导单元相互串联形成的监测阵列通过钻孔安装在滑坡体内,响应于滑体变形而产生声发射信号。声发射数据采集传输模块包含传感器和采集仪,本研究选择窄带内置前放声发射传感器用于滑坡现场,表 5.2 列出了传感器的主要参数。

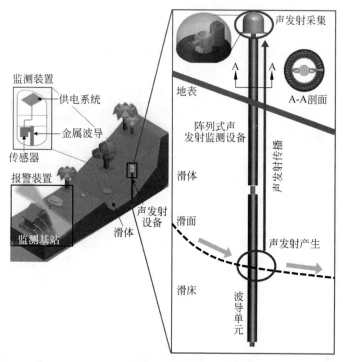

**图 5.4　滑坡阵列式声发射监测设备**

**表 5.2　声发射传感器的主要参数**

| 频率范围/<br>kHz | 谐振频率/<br>kHz | 尺寸/<br>mm | 灵敏度/<br>dB | 内置放大/<br>dB | 工作温度/<br>℃ |
|---|---|---|---|---|---|
| 15~70 | 40 | Ø30×57 | >75 | 40 | −20~50 |

　　声发射采集仪能够完成声发射信号的采集、处理、存储和传输。图 5.5(a)展示了采集仪的 7 个功能模块,其他分图展示了与采集仪配合使用的 3 个组件。采集仪的外壳是铝合金圆筒,圆筒直径为 50 mm、高度为 120 mm,电池和通讯模块全部内置于圆筒中。采集仪最大采样频率为 2000 kHz,信号输入带宽 10~1000 kHz,采集信号动态范围 70 dB,系统噪声小于 30 dB。采集仪采用门限触发方式,可灵活设置采样周期和采集时间。本研究选择声发射特征参数作为采集仪数据存储和传输的主要类型,特征参数主要包含到达时间、幅度、振铃计数、能量和持续时间。采集仪可长时间连续工作,适用于滑坡现场自动化监测。

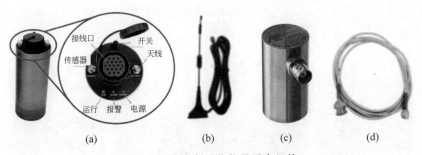

**图 5.5　声发射采集仪及配套组件**

(a) 采集仪；(b) 天线；(c) 传感器；(d) 信号线

　　为实现监测数据的高效分析应用,本研究设计了集实时在线监测、数据远程传输、数据自动分析和风险预警评级为一体的滑坡监测预警信息系统(图 5.6)。信息系统除了实时获取高质量监测数据,还利用机器学习技术对监测数据进行自动处理和分析,能够迅速建立起声发射和变形参数间的定量关系。声发射和测斜仪同步监测一段时间后,基于第 4 章的滑坡运动状态分类模型和位移预测模型,根据声发射参数可量化滑坡位移、速度和加速度,进而基于 4.4 节的滑坡风险预警策略生成预警级别建议。

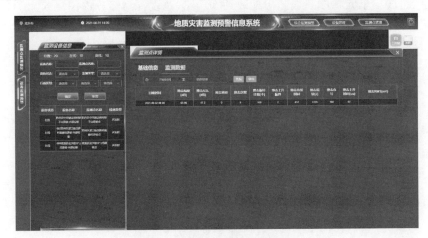

**图 5.6　滑坡监测预警信息系统**

## 2. 监测设备现场应用

　　声发射监测设备的现场应用主要包括波导单元和数据采集传输模块的安装使用。图 5.7 展示了监测设备安装过程的代表性图片,完整的安装流

程包括现场踏勘、选点、清理、钻孔、设备安装、接线、测试和清场,单个监测
点的安装实施大约需要一周的时间。

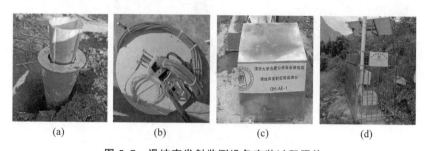

(a)　　　　　　(b)　　　　　　(c)　　　　　　(d)

**图 5.7　滑坡声发射监测设备安装过程照片**

(a) 埋设波导管;(b) 调试采集仪;(c) 安装保护箱;(d) 整体完成

　　波导单元安装前需要在滑坡体上钻孔。钻孔直径约 140 mm,钻孔穿
过滑面并进入基岩,钻孔深度根据地质勘探资料预先估计并结合现场实际
情况具体确定。图 5.8 是波导单元的安装示意图,将波导单元依次串联并
放置于钻孔内,根据滑面深度灵活选择波导单元的使用数量,现场安装操作
简便。波导单元安装完成后使用低强度灰砂浆填充钻孔壁和波导单元间的
空隙,波导单元顶端一般超出地表约 30 cm,地表露出部分周围浇筑水泥砂
浆固定。

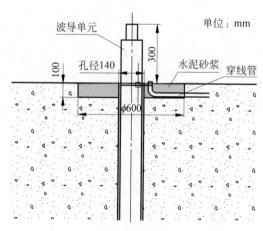

**图 5.8　声发射波导单元安装示意图**

　　图 5.9 是数据采集传输模块的安装示意图,将声发射传感器安装到波
导单元侧壁,配置好声发射采集仪,连接好供电系统,完成数据的上传调试,

最后利用保护罩将传感器和采集仪等保护起来,消除降雨、日照等外界环境的影响。

**图 5.9　声发射采集传输模块安装示意图**

此外,本研究提出测斜仪在滑坡声发射监测中的两种应用方法。第一种方法是同时安装测斜仪和声发射设备,利用同步测量的数据训练机器学习模型,得到声发射和深部变形参数间的定量关系。定量关系的可靠性经过后续监测数据验证后,可将测斜仪回收利用以降低监测成本。然而,滑坡监测对象可能长期处于基本稳定的状态,故测斜仪的另一种应用方法是:先安装低成本、高灵敏度的声发射监测设备以发现滑坡内部的微小变形,确定滑坡发生变形后再安装测斜仪以精确测量深部变形,显著降低监测成本。两种应用方法的选定需要综合考虑监测成本和实际操作的难易程度,如果成本问题更难解决,可选择方法二;如果滑坡现场实际操作存在困难,可选择方法一。极端情况下,滑坡现场缺少测斜仪的监测数据,可采用大量实验数据量化变形-声发射关系,将实验得到的定量关系用于滑坡现场;当现场获取到深部变形数据时,再利用机器学习量化得到更为准确的变形-声发射关系。

## 5.2.3　现场试验方案及案例

中国地质环境监测院组织开展了 2021 年普适型地质灾害监测设备现场试验,旨在推进普适型监测设备研发和前沿技术试用示范,进一步提升技术防灾减灾能力。此次现场试验工作在已有的普适型监测设备研发试用基础上,侧重开展新技术新方法的试用示范。本书研发的阵列式声发射监测设备作为新技术参与了现场试验,应用于贵州省、安徽省和西藏自治区等地的八处滑坡。根据滑坡隐患点的实际监测需求,本研究遵照相关标准完成了监测方案设计,并及时安装了监测设备。经过中国地质环境监测院的检验,声发射监测设备的运行稳定性和监测数据的完整性、准确性和有效性等方面均表现较好,获得了地质灾害监测预警普适型仪器设备试用证明。

声发射监测系统现场试验的技术路线如图 5.10 所示。滑面是滑体变形运动的控制部位,滑面结构状态的变化直接决定了滑坡的稳定性,深部变形监测能够获取滑面发展演化的关键信息。本书通过滑坡现场地质调查,分析滑坡的成因机制和演化阶段,确定潜在滑面的深度,研究形成滑坡声发射监测方案。声发射监测设备安装在能反映滑体变形特征的关键位置:牵引式滑坡的强变形区在前部,应重点监测前部变形;推移式滑坡的强变形区在后部,应重点监测后部变形。本书按照监测方案安装监测设备并完成调试和运行,利用机器学习算法自动处理分析数据,输出预警级别建议等结果为灾害响应措施提供依据。

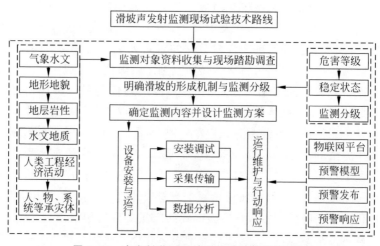

**图 5.10　声发射监测系统现场试验技术路线图**

自 2021 年 1 月开始,本书将阵列式声发射监测设备陆续安装应用在广东省连南县一处滑坡、甘肃省天水市一处滑坡、安徽省宣城市两处滑坡、西藏自治区林芝市墨脱县两处滑坡、贵州省黔西市一处滑坡和四川省雅安市一处滑坡。声发射监测系统一共在全国六个省(自治区)的八处滑坡应用试验,涵盖了高山峡谷(西藏、贵州、四川)、丘陵山区(广东、安徽)、黄土地区(甘肃)、地震影响区(西藏、四川)四类滑坡灾害多发地区。其中,四川省雅安市汉源县红岩子滑坡的钻孔深度超过 30 m,阵列式声发射监测设备运行和信号采集传输状态良好,验证了 5.2.1 节提出的阵列式声发射监测设备适用于中层滑坡(25 m 以内)的判断。然而,多数滑坡隐患点的深部变形量很小,不具备分析研究价值。广东省连南县和甘肃省天水市的两处滑坡变形较为明显,下文对这两处滑坡进行重点介绍和分析。

### 1. 广东省连南县大掌村滑坡

大掌村滑坡位于广东省清远市连南瑶族自治县大坪镇大掌村代间、表达组,地理坐标为东经 112°07′41″、北纬 24°39′07″,后缘最高点海拔约为 620 m,最低点海拔约为 540 m。滑坡区地势自南向北倾斜,坡面平均倾角为 25°~35°。滑坡体南北纵向长约 360 m,东西横向宽约 150 m,总面积约 $3.6×10^4$ m²。滑坡体最大厚度约为 28 m,最小厚度约为 5 m,体积约为 $5.3×10^5$ m³。图 5.11(a)展示了 7 个规模各异的土质滑坡体的分布情况,编号分别为 HP1、HP2、HP3、HP4、HP5、HP6 和 HP7(HP 代指滑坡),形成了规模较大的滑坡群。大掌村滑坡灾害的影响范围涉及 3 个村,直接威胁 1600 多人的生命安全,潜在经济损失超过 1 亿元。根据广东省地质灾害评价实施细则,大掌村滑坡的规模和危害程度极大,属于特大型滑坡。大掌村滑坡总体有牵引式滑坡的特征,人类工程活动是滑坡的诱发因素。当地村民房屋依山而建,人为修建村道及削坡建房形成的陡坎破坏了坡体原有

(a)　　　　　　　　　　　　　(b)

**图 5.11　大掌村滑坡与深部变形监测设备(前附彩图)**

(a)滑坡群分布;(b)监测设备照片

的力学平衡,是滑坡产生的重要原因之一。

大掌村滑坡剖面图(图 5.12)展示了该区域的岩土性质,整体呈现出"岩床土体"的二元结构特征。现场勘察发现大掌村滑坡自上而下按纵向勘探线分为四级滑坡体系:HP1 是最大的第一级滑坡体;HP2 是在 HP1 上分离形成的第二级次生滑坡体;HP3、HP4 和 HP5 是在 HP2 上分离形成的第三级滑坡体;HP6 和 HP7 是第四级滑坡体,其中 HP6 已经完全失稳滑落。

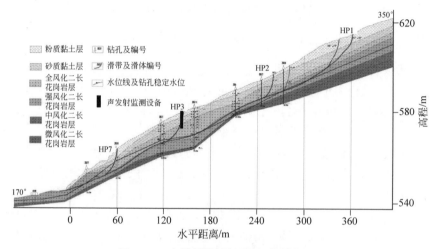

**图 5.12　大掌村滑坡剖面图(前附彩图)**

本书针对大掌村滑坡的 HP3 开展重点监测和研究。HP3 位于滑坡群中部,后缘高程约 580 m,前缘高程约 560 m,斜长约 50 m,前缘宽约 30 m。HP3 滑体厚度约 5～8 m,平均厚度约 6 m,体积约 8000 m³。本书在 HP3 上安装了三种具有代表性的深部变形监测设备——SAA、测斜仪和阵列式声发射监测设备(如图 5.11(b)所示),进行三种设备的同步监测和对比验证,比较三种设备在监测数据和应用效果上的差异。

### 2. 甘肃省天水市红花嘴滑坡

红花嘴滑坡位于甘肃省天水市麦积区马跑泉镇红花嘴村,地理坐标为东经 105°55′21″、北纬 34°32′05″,海拔高度 1160 m。红花嘴滑坡处于黄土丘陵地带,滑坡表面呈现"圈椅"形态,坡面倾角约 30°～45°。滑坡体长约 200 m,宽约 230 m,平均厚度 3～5 m,体积约 $2.3 \times 10^5$ m³,属于中型浅层滑坡。滑坡威胁人数 220 人,威胁财产 630 万元,其整体稳定状态处于欠稳定到中易发之间。红花嘴滑坡多处出现张拉变形裂缝,滑坡体局部发生垮塌,滑坡前缘部分剪出,有一定量的黄土掉落在挡土墙前(如图 5.13(a)所示)。红花嘴滑坡在降雨等外界触发因素的作用下有可能发生剧烈运动,甚至出现较大规模的滑移灾害。

(a)　　　　　　　　　　　　(b)

**图 5.13　红花嘴滑坡与深部变形监测设备(前附彩图)**
(a) 滑坡前缘照片;(b) 监测设备照片

　　红花嘴滑坡剖面图(图 5.14)表明其同样具有"岩床土体"的二元结构特征。本书根据红花嘴滑坡现场地形情况和安装条件,在滑坡前缘附近安装了测斜仪和阵列式声发射监测设备以开展深部变形监测,图 5.13(b)是安装后的监测设备。

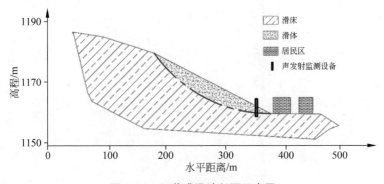

**图 5.14　红花嘴滑坡剖面示意图**

## 5.3　滑坡监测数据机器学习分析

　　本节以两个滑坡现场监测试验为例,分析了深部变形和声发射监测数据的变化规律,揭示了滑坡变形行为的演化特征,量化了变形-声发射关系,采用机器学习模型自动分析监测数据,实现了滑坡运动状态(速度和加速度)分类和滑坡位移预测,并获得了较高的准确率。

### 5.3.1　滑坡现场监测数据

　　为了验证阵列式声发射监测设备的应用能力,本书选取广东省连南县大掌村滑坡和甘肃省天水市红花嘴滑坡现场试验作为研究案例,通过连续监测获取了数月的深部变形数据,下面详细分析数据的变化特征和趋势。

**1. 广东省连南县大掌村滑坡**

　　大掌村滑坡监测设备的安装于 2021 年 1 月完成,同年 11 月底设备在该滑坡实施治理工程前被拆除。大掌村滑坡监测时间超过 10 个月,监测期间设备始终稳定运行,获得了连续完整的深部位移和声发射监测数据。图 5.15 记录了滑坡钻孔内各个深度的水平位移变化,由图 5.15 推测主滑面深度在地下 5 m 左右。

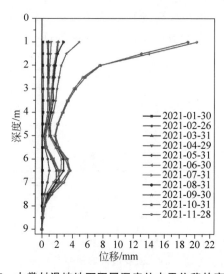

**图 5.15　大掌村滑坡地下不同深度处水平位移的变化历程**

　　大掌村滑坡的累计位移、累计振铃计数和累计降雨量如图 5.16 所示。大掌村滑坡 10 个月的总变形量约为 20 mm,总体上处于"极慢"(表 1.2)的变形状态。滑坡在 9 月前发生了一系列滑动事件,但位移变化趋势平缓且总变形量不超过 4 mm。滑坡位移分别在 5 月 18 日和 7 月 17 日前后有两次明显的小幅上升,局部曲线呈现"S"形,表明滑坡加速和减速变形交替发

生。滑坡位移在 9 月 29 日—10 月 9 日间大幅跃升,10 天内的位移量超过
14 mm,发生了明显的加速运动。加速运动持续时间较短,滑坡在 10 月 10
日后又转变为缓慢变形状态,最终的累计位移量较小(约 20 mm)。尽管如
此,高精度的 SAA 获取了深部变形数据的精细特征,振铃计数由阵列式声
发射监测设备获取,高质量的监测数据保障了后续分析验证的可靠性。累
计振铃计数与累计位移的变化趋势一致,累计振铃计数对位移曲线表现出
"跟随"特点。累计位移和累计振铃计数长时间保持稳定,每当位移突然上
升时,累计振铃计数也跟随位移发生相似幅度的上升。此外,累计振铃计数
的变化在时间上略微滞后于累计位移,表明声发射参数响应于滑坡深部变
形而产生。阵列式声发射监测设备在滑坡现场取得了较好的应用效果,声
发射数据可以灵敏准确地反映滑坡位移的变化趋势。

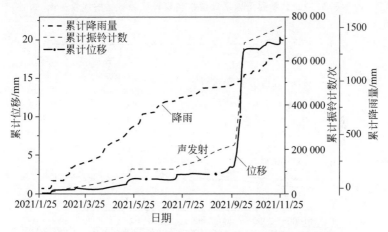

**图 5.16　大掌村滑坡累计位移、累计振铃计数和累计降雨量的变化**

图 5.17 展示了滑坡累计位移和累计振铃计数间关系的线性拟合结果,
$R^2$ 超过 0.98 表明二者具有很强的线性相关性。基于累计位移和累计振铃计
数间的线性关系式(经验公式法),本研究利用累计振铃计数预测(量化)累计
位移,计算结果如图 5.18 所示。滑坡测量位移和预测位移的变化趋势始终保
持一致,并且测量位移和预测位移在数值上非常接近,计算得到的预测差值
(预测值和测量值之差)最大不超过 3 mm。这一结果表明,当累计位移和累
计振铃计数间存在单一的强线性关系,可采用线性公式由累计振铃计数计算
得到滑坡位移。需要指出的是,累计位移和累计振铃计数间的线性相关性并
不总是存在也难以保持不变[47,237],二者间的非线性关系更具有普遍性。

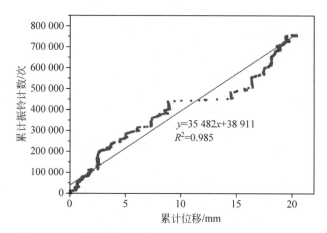

**图 5.17　大掌村滑坡累计位移和累计振铃计数的线性关系**

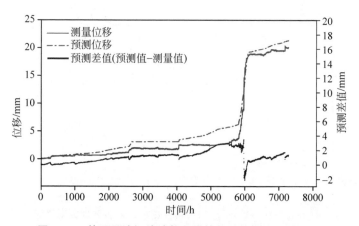

**图 5.18　基于累计振铃计数和线性关系的滑坡位移预测**

　　滑坡速度、振铃计数和降雨量随时间的变化如图 5.19 所示。滑坡速度和振铃计数的原始数据都表现出较大的波动性,这是由于滑坡速度较慢而 SAA 变形测量精度很高,高灵敏度声发射信号受到颗粒材料"粘滞-滑动"行为的影响(2.2.2 节)。为了更加清晰地展现滑坡速度和振铃计数的变化特征,本研究采用 20 h 移动平均方法对二者数据进行平滑处理,处理后的数据如图 5.19 所示。滑坡速度和振铃计数长期处于极低水平,但在 9 月 29 日—10 月 9 日期间同步出现了显著峰值。大掌村滑坡表现出复活滑坡的运动特点,滑坡速度从极小值突然大幅增加并到达峰值,而后降低并回落到极缓慢的状态,整体表现出"加速—减速—平静"的特征。

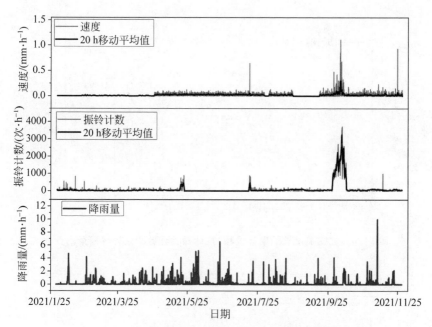

**图 5.19 大掌村滑坡速度、振铃计数和降雨量随时间的变化**

### 2. 甘肃省天水市红花嘴滑坡

红花嘴滑坡监测设备于 2021 年 6 月安装完成,声发射设备和测斜仪至 2022 年 3 月保持正常运行。本书选取 2021 年 8 月 7 日至 2022 年 1 月 4 日近 5 个月的监测数据进行分析,重点比较滑坡变形和声发射参数的关系。图 5.20 展示了滑坡累计位移、累计振铃计数和累计降雨量数据。滑坡 5 个月的最终位移约为 34 mm,变形状态总体上属于"极慢"(表 1.2)。滑坡多次出现加速变形行为,加速后常转变为相对平稳的变形状态。本研究对比同期的变形和降雨数据发现,大量密集的降雨事件引起了滑坡的明显变形,例如 8 月 21 日前后和 10 月 4 日前后累计变形和降雨量同步发生大幅上升。滑坡累计位移和累计振铃计数间的关系并非线性,且随着时间不断变化,经验公式等方法无法准确量化变形-声发射关系。

滑坡速度、振铃计数和降雨量的变化趋势如图 5.21 所示。本研究采用了 20 h 移动平均方法对滑坡速度和振铃计数做了平滑处理以更清晰地展现数据的变化趋势。滑坡速度大多低于 0.2 mm/h,表明滑坡长时间处于"很慢"的变形状态。尽管如此,滑坡过程中多次发生了加速变形行为,最为

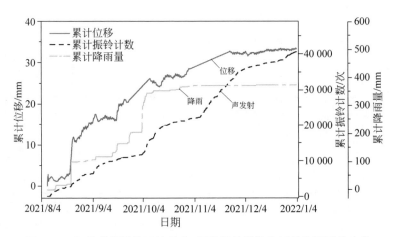

图 5.20 红花嘴滑坡的累计位移、累计振铃计数和累计降雨量的变化

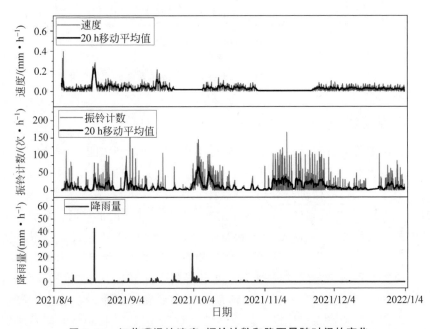

图 5.21 红花嘴滑坡速度、振铃计数和降雨量随时间的变化

明显的是 8 月 22 日前后出现的加速变形事件,振铃计数和降雨量也同步出现了局部极大值。在滑坡速度处于低水平状态的多段"平静"期内,振铃计数出现了一定幅度的波动,振铃计数和速度的变化特征存在差异。这种差异是由于滑坡地质环境和演化过程的复杂性造成的变形-声发射响应关系

变化,增加了声发射数据量化分析的难度。

## 5.3.2　机器学习分析结果

5.3.1 节初步分析了大掌村和红花嘴滑坡现场的监测数据,发现变形和声发射参数间存在复杂的非线性关系。下面利用机器学习模型进一步分析监测数据,验证滑坡运动状态分类模型和滑坡位移预测模型的有效性,评估模型对滑坡变形行为的准确识别和量化能力。

### 1. 广东省连南县大掌村滑坡

本研究首先将滑坡运动状态分类模型应用于大掌村滑坡数据集。大掌村滑坡长期处于相对稳定状态,变形行为很少发生变化。为了让滑坡分类结果有区分度,本研究选取了 2021 年 9 月 17 日—10 月 17 日共 738 h 的数据集,滑坡速度在此期间发生了显著变化。图 5.22(a)是平滑后的滑坡速度和加速度数据,并基于图 4.8 的滑坡运动分类流程生成了运动状态标签。滑坡速度大都位于 0～0.1 mm/h 范围,跨越了"很慢"(标签为 2)和"慢速"(标签为 3)两种状态,并多次出现了加速和减速行为,因此生成的运动标签丰富多样。图 5.22(b)展示了经过相同平滑处理的振铃计数和振铃计数变化率,并保留了运动状态标签以便与声发射特征进行比较。

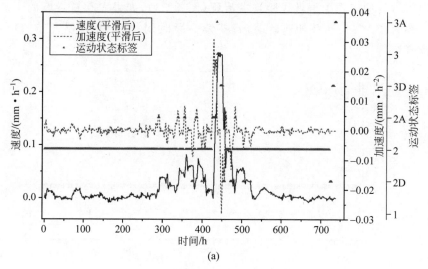

(a)

**图 5.22　大掌村滑坡的运动学和声发射参数随时间的变化**

（a）速度、加速度和运动状态标签；（b）振铃计数、振铃计数变化率和运动状态标签

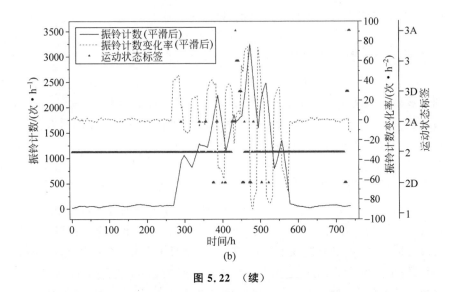

(b)

**图 5.22　（续）**

　　本研究随机选择滑坡监测数据集中 70% 的数据训练随机森林模型，并利用剩下 30% 的数据测试模型，采用随机森林模型进行滑坡运动状态分类的结果如图 5.23 所示，分类准确率为 93.2%。研究结果表明机器学习模型在滑坡现场监测数据集上表现较好，能够自动准确识别滑坡运动行为类型。根据滑坡风险预警流程（图 4.23），如果大掌村滑坡的运动标签为"3A"（慢速并加速运动）且持续一段时间，本研究建议发布"橙色预警"。

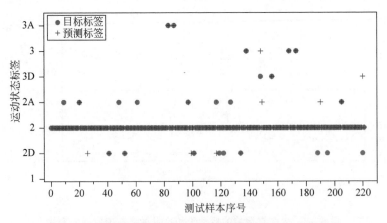

**图 5.23　随机森林模型在大掌村滑坡测试集上的分类结果**

本研究选取大掌村滑坡 2021 年 1 月 29 日—11 月 28 日共 7276 h 的数据验证滑坡位移预测模型。将滑坡监测数据集的前 80% 划分为训练集,后 20% 划分为测试集。滑坡位移预测的结果如图 5.24 所示,LASSO-ELM 模型预测的滑坡位移最接近于位移实际测量值,ELM 和 BP-NN 模型的预测曲线都明显偏离了位移实际测量曲线。表 5.3 采用四个误差指标量化了机器学习模型在大掌村滑坡测试集上的预测性能,LASSO-ELM 模型得到的各项误差指标值均最小,故预测准确率最佳;ELM 模型的预测准确率次之,BP-NN 模型的预测准确率最差。

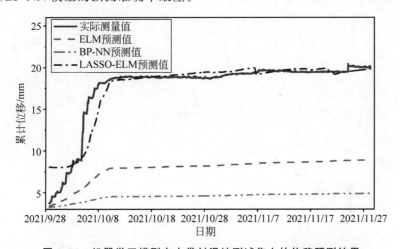

**图 5.24　机器学习模型在大掌村滑坡测试集上的位移预测结果**

**表 5.3　机器学习模型在大掌村滑坡测试集上的位移预测性能**

| 评估指标 | 模型预测误差 | | |
| --- | --- | --- | --- |
| | ELM | LASSO-ELM | BP-NN |
| MAE/mm | 9.9 | 0.7 | 13.2 |
| MAPE/% | 56.7 | 6.7 | 72.3 |
| MSE/mm | 105.0 | 1.7 | 187.0 |
| RMSE/mm | 10.2 | 1.3 | 13.7 |
| $R^2$ | 0.2 | 0.7 | 0.3 |

## 2. 甘肃省天水市红花嘴滑坡

本研究选取红花嘴滑坡 2021 年 8 月 7 日—9 月 4 日共 663 h 的数据集进一步验证滑坡运动状态分类模型。图 5.25(a)展示了平滑后的滑坡速度

和加速度数据以及根据图 4.8 生成的运动状态标签。图 5.25(b)是平滑后
的振铃计数和振铃计数变化率,保留了滑坡运动状态标签以与声发射特征
进行比较。通过两张图的对比可以发现,滑坡速度和振铃计数之间的变化
特征和趋势存在较大差异。如果采用传统的经验公式等方法,难以量化滑
坡变形和声发射参数间的关系。然而,本研究采用机器学习技术,能够克服
变形-声发射参数间复杂关系对滑坡变形行为分析的不利影响。

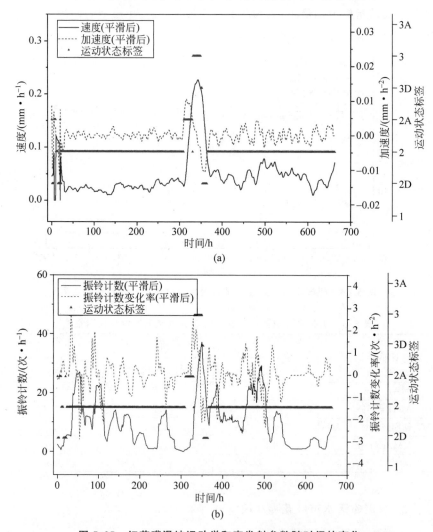

**图 5.25　红花嘴滑坡运动学和声发射参数随时间的变化**

(a) 速度、加速度和运动状态标签;(b) 振铃计数、振铃计数变化率和运动状态标签

红花嘴滑坡数据集中的 70％被随机划分成训练集,剩余的 30％为测试集。随机森林模型在测试集上对滑坡运动状态的分类准确率为 90.0％(图 5.26)。按照滑坡风险预警流程(图 4.23),本研究建议当红花嘴滑坡的运动标签为"3"(慢速运动)并保持一段时间后应发布"橙色预警"。

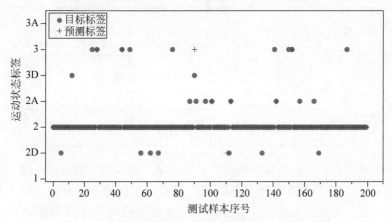

**图 5.26　随机森林模型在红花嘴滑坡测试集上的分类结果**

本研究另外选取红花嘴滑坡 2021 年 8 月 7 日—10 月 9 日共 1500 h 的数据集进一步验证滑坡位移预测模型。该数据集的前 80％被划分为训练集,后 20％为测试集。滑坡位移预测的结果如图 5.27 所示,LASSO-ELM 模型预测的滑坡位移最接近实际测量值,BP-NN 模型的预测结果稍差,

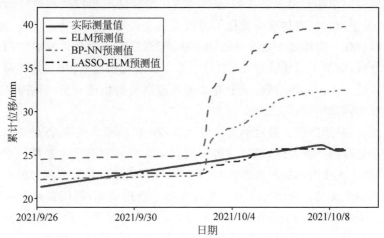

**图 5.27　机器学习模型在红花嘴滑坡测试集上的位移预测结果**

ELM 的预测结果最差。表 5.4 采用四个误差指标量化了机器学习模型在红花嘴滑坡测试集上的位移预测性能,LASSO-ELM 模型得到的各项误差指标值最小,表现出了最好的预测准确率。

表 5.4　机器学习模型在红花嘴滑坡测试集上的位移预测性能

| 评估指标 | 模型预测误差 | | |
| --- | --- | --- | --- |
| | ELM | LASSO-ELM | BP-NN |
| MAE/mm | 6.6 | 0.5 | 2.6 |
| MAPE/% | 29.3 | 2.3 | 10.6 |
| MSE/mm | 71.0 | 0.4 | 12.9 |
| RMSE/mm | 8.4 | 0.7 | 3.6 |
| $R^2$ | 0.3 | 0.8 | 0.5 |

　　阵列式声发射监测设备和机器学习数据分析模型在滑坡现场试验中应用效果较好,为滑坡深部变形提供了简易监测和自动分析方法。第 4 章提出了声发射监测数据机器学习分析模型并主要应用于英国 Hollin Hill 滑坡,而在本章中,机器学习模型应用于我国广东省丘陵地区的大掌村滑坡和甘肃省黄土地区的红花嘴滑坡。大掌村、红花嘴和 Hollin Hill 三处滑坡在岩土结构、力学机制、变形特征和触发因素等方面存在巨大差异。值得注意的是,红花嘴滑坡累计位移和累计振铃计数间呈现出复杂的非线性关系,滑坡速度和振铃计数间的变化特征不一致。尽管如此,机器学习模型在三处滑坡的应用中都取得了较高的运动状态分类准确率和较低的位移预测误差,并基于声发射数据准确量化了滑坡深部变形行为。这些结果表明机器学习模型在一定程度上是一种通用方法,广泛适用于滑坡声发射监测数据自动分析,解决了以往经验公式[47,116]等方法量化精度低、使用条件苛刻和需要大量人工参与等问题,对于滑坡现场监测数据快速分析和风险早期预警具有实际应用价值。

　　然而,基于深部变形监测的滑坡风险预警仍然面临挑战,不仅要考虑滑坡潜在危险的严重程度,还要分析滑坡岩土性质和变形行为趋势。举例来说,再活化土质滑坡的滑面已经存在,滑坡变形主要受孔隙水压力的影响而发生周期性变化;而首次滑坡的滑面经历了渐进破坏,滑面贯通后抗剪强度突然下降,滑坡发生高速运动并可能造成灾害性后果。总体来说,滑坡深部变形监测应该保证足够高的时间分辨率,密切监控滑坡变形行为;滑坡运动状态发生变化并持续一段时间后,应当及时改变风险预警建议。

## 5.4　本章小结

本章研发了由多个波导单元串联而成的新型阵列式声发射监测设备，标准化的波导单元包括硅橡胶软管、铝合金管和填充颗粒材料。铝合金管既作为声发射传播的声学波导管，又作为测斜仪的标准测斜管，实现了声发射和深部变形的一体化监测。本章发展形成了声发射监测系统，并在 8 处滑坡隐患点开展现场试验，初步验证了新型监测设备的实际应用能力。本章将 2 处变形较为明显的滑坡作为研究案例，详细介绍了滑坡的地形地貌、地层岩性、承灾体和变形机制等情况，利用机器学习模型自动分析了数月的连续监测数据，量化了声发射与变形参数间的关系。本章的主要结论如下：

（1）阵列式声发射监测设备通过标准化试制和简易化应用降低了声发射数据的解释难度，声发射与变形同步监测和互相验证提高了数据的可靠性。声发射监测系统成本低且实用性强，适用于多种土质滑坡的深部变形监测。

（2）大掌村和红花嘴滑坡总体处于"极慢"（每年数十毫米）的变形状态，颗粒材料放大了滑坡深部微小变形产生的声发射信号。累计振铃计数灵敏准确地反映了滑坡位移趋势，表现出对滑坡位移的"跟随"效应。

（3）滑坡现场监测的变形和声发射参数间存在复杂的非线性关系。机器学习自动分析模型基于声发射监测数据实现了准确的滑坡运动状态（速度和加速度）识别和位移预测，在一定程度上是一种通用方法。

# 第6章　总结与展望

## 6.1　研究总结

　　我国滑坡灾害频繁发生并造成严重后果,大量灾害发生在隐患点之外,监测预警是防灾减灾的有效手段。滑坡深部变形监测能够获取滑面形成和破坏的早期信息,有源波导声发射技术有潜力发展成为普适型深部变形监测技术。研究低成本、高灵敏度的声发射监测技术和滑坡变形行为自动分析模型,对逐步扩大滑坡灾害监测范围并提升早期风险预警能力具有重要意义。

　　本书研究的问题是滑坡深部变形行为的声发射监测技术和量化分析方法。首先,本书通过实验研究了滑坡变形过程中运动学、力学和声发射参数的变化规律,建立了更加全面的变形-声发射量化关系,提出利用振铃计数变化率识别边坡稳定性。其次,本书运用机器学习技术建立了滑坡运动状态自动分类和位移自动预测模型,实现了基于声发射监测数据的滑坡变形行为识别与量化。最后,本书研发了新型阵列式声发射监测设备,发展了声发射监测系统并在滑坡现场应用试验,验证了设备的简易监测能力和模型的自动分析效果。本书以滑坡深部变形行为的声发射响应规律、自动分析模型及简易监测方法为主要研究内容,从理论和应用层面开展了一系列研究,主要研究内容和结论总结如下。

### 1. 滑坡深部变形行为声发射监测实验研究

　　目前的土质滑坡声发射监测实验研究中,大多对有源波导采用简化的压缩或剪切加载机制开展机理研究,缺乏工程地质模型依据和滑坡典型变形过程模拟。本书设计并建成了推移式土质滑坡实验装置,利用推力加载和速度控制方法模拟滑坡的三阶段渐进变形过程,开展了不同类型波导的声发射监测对比实验,进而分析得到了滑坡实验过程中运动学、力学和声发射参数自身的变化规律和参数间的相关关系,探索了基于声发射参数的边坡稳定性评价。主要结论如下：

（1）振铃计数变化率与滑坡加速度及边坡安全系数存在关联，能够识别加速度和安全系数（边坡稳定性）的变化，可作为土质滑坡渐进变形的风险预警指标。

（2）振铃计数和滑坡速度间存在线性关系，累计振铃计数和滑坡位移间的线性相关性更为显著，线性关系受多种因素影响而具有动态不确定性。

（3）有源波导比无源波导更适用于土质滑坡深部变形监测，填充颗粒材料相互作用的"粘滞-滑动"行为是高水平声发射信号的主要产生机制。

**2．滑坡变形声发射监测数据分析模型研究**

有源波导颗粒材料的相互作用机理复杂且随机性较强，滑坡变形-声发射动态响应关系不确定性较大，经验公式等方法难以快速准确解释声发射数据。本书运用机器学习技术自动解释声发射监测数据以准确量化滑坡变形行为，建立了滑坡运动状态自动分类模型和滑坡位移自动预测模型，进而将机器学习分析模型在滑坡现场数据集上应用验证，提出了基于滑坡变形行为的风险预警策略。主要结论如下：

（1）机器学习分类模型基于振铃计数和振铃计数变化率可自动识别滑坡速度级别和加速度状态，运动状态分类准确率高于90%。

（2）机器学习回归模型基于累计振铃计数和降雨量的连续监测数据可自动预测（量化）滑坡位移，位移预测值与测量值间的均方根误差小于2 mm。

（3）声发射监测数据经过机器学习分析得到滑坡位移、速度和加速度，进而根据滑坡风险预警策略可生成预警级别建议。

**3．滑坡声发射监测系统现场试验研究**

现有的滑坡声发射监测设备存在结构不统一、安装复杂和数据难比较等问题，声发射监测方法存在应用难度大、实施周期长和成本较高等不足。本书研发了由多个标准化波导单元相互串联而成的阵列式声发射监测设备，实现了声发射和变形的一体化同步监测，进而发展了声发射监测系统并在多处土质滑坡现场应用试验，利用机器学习模型分析现场监测数据，自动生成滑坡运动状态分类和滑坡位移预测结果。主要结论如下：

（1）阵列式声发射监测设备的标准化试制和简易化应用提高了声发射数据解释结果的一致性，声发射与深部变形同步监测和互相验证提高了数据的可靠性。

（2）滑坡深部微小变形导致阵列式声发射监测设备自身产生声发射信号，累计振铃计数准确反映了滑坡位移趋势，表现出对位移的"跟随"效应。

（3）滑坡现场监测的变形和声发射参数间存在复杂的非线性关系，机器学习分析模型基于声发射监测数据实现了准确的滑坡运动状态识别和位移预测。

## 6.2　创　新　点

相比于现有的研究方法和成果，本书主要有三个创新点：

### 1. 揭示了滑坡深部变形行为和声发射监测参数间的响应规律

提出了基于速度控制的滑坡三阶段变形过程模拟方法，发现了土质滑坡变形和声发射参数间存在的线性动态相关关系，提出利用振铃计数变化率识别滑坡加速度并评价边坡稳定性，为滑坡深部变形声发射监测方法提供了实验依据。

### 2. 提出了机器学习分析模型利用声发射监测数据量化滑坡深部变形

建立了滑坡运动状态分类模型自动识别滑坡速度和加速度，建立了滑坡位移预测模型持续提供变形信息，为声发射监测数据自动处理和滑坡变形行为准确分析提供了普适性方法。

### 3. 提出了具有阵列式结构的新型声发射监测设备设计和简易应用方法

设计了标准化的有源波导声发射监测单元，研发了波导单元串联而成的阵列式声发射监测设备，发展形成了低成本、高灵敏度和实用性强的新型声发射监测系统，为滑坡深部变形简易监测和自动分析提供了新方法。

## 6.3　展　　望

我国滑坡隐患点数量巨大，灾害频繁发生，人员伤亡和经济损失还处于较高水平，防灾减灾形势依然严峻。随着经济发展和人民群众安全意识的提高，滑坡监测预警技术和设备的应用范围将会进一步扩展，灾害早期预警能力也将逐步提升。阵列式声发射监测设备和机器学习数据分析模型提供了滑坡深部变形行为的简易监测和自动分析方法。声发射监测系统成本低且实用性强,有扩大滑坡灾害监测范围并提升滑坡风险预警智能化水平的潜力。为了更好地完善滑坡深部变形声发射监测技术,可以从以下几个方面开展进一步的研究:

### 1. 进一步深化基于机器学习的滑坡预警模型研究

滑坡野外环境常出现大风、大雨、酷热、雨雪和冰冻等恶劣天气,监测设备运行可能出现故障,滑坡监测数据存在缺失值、异常值和波动性较大等问题。高质量的数据是机器学习方法取得良好效果的前提,一方面需要进一步提升监测数据的可靠性、完整性和准确性,另一方面需要运用更先进的机器学习技术针对监测数据的特征进行有效处理,自动分析监测参数的变化规律,提出更加科学准确的预警策略。

### 2. 开展多触发因素下的滑坡大尺寸实验研究

本研究中的滑坡实验模型与真实滑坡在时空尺度上存在一定差异,建设大尺寸实验平台有望部分解决尺寸效应问题。滑坡大多由降雨诱发,模拟降雨型滑坡的灾变过程,研究降雨等触发因素对滑坡行为模式和声发射活动的影响,探索利用声发射技术解释降雨诱发滑坡的机理,为降雨型滑坡预警提供实验依据。可采用滑坡现场的岩土试样进行实验,使得实验结果更接近实际状况。

### 3. 跟踪研究滑坡现场声发射监测系统的长期应用效果

本研究将声发射监测系统应用于滑坡现场,开展了近一年的监测工作,滑坡发生的变形量还比较小。未来可以持续跟踪滑坡现场监测数据,进一步验证阵列式声发射监测设备在长期应用中的效果,探索声发射技术对于滑坡深部大变形的监测能力,尝试推广阵列式声发射监测设备和相关技术。开展多种监测技术对比和设备相互验证,进一步提高滑坡预警的准确率和成功率。

# 参 考 文 献

[1] PETLEY D. Global patterns of loss of life from landslides[J]. Geology, 2012, 40(10): 927-930.

[2] VALKANIOTIS S, PAPATHANASSIOU G, GANAS A. Mapping an earthquake-induced landslide based on UAV imagery: Case study of the 2015 Okeanos landslide, Lefkada, Greece[J]. Engineering Geology, 2018, 245: 141-152.

[3] HU X D, HU K H, ZHANG X P, et al. Quantitative assessment of the impact of earthquake-induced geohazards on natural landscapes in Jiuzhaigou Valley[J]. Journal of Mountain Science, 2019, 16(2): 441-452.

[4] PERKINS S. Death toll from landslides vastly underestimated[J]. Nature, 2012, 8.

[5] 吴树仁, 石菊松, 王涛, 等. 滑坡风险评估理论与技术[M]. 北京: 科学出版社, 2012.

[6] PERSICHILLO M G, BORDONI M, MEISINA C. The role of land use changes in the distribution of shallow landslides[J]. Science of the Total Environment, 2017, 574: 924-937.

[7] CHUANG Y C, SHIU Y S. Relationship between landslides and mountain development—Integrating geospatial statistics and a new long-term database[J]. Science of the Total Environment, 2018, 622: 1265-1276.

[8] GARIANO S L, GUZZETTI F. Landslides in a changing climate[J]. Earth-Science Reviews, 2016, 162: 227-252.

[9] HAQUE U, BLUM P, DA SILVA P F, et al. Fatal landslides in Europe[J]. Landslides, 2016, 13(6): 1545-1554.

[10] LI T. Landslides: Extent and economic significance in China[C]//Proc 28th Int Geol Cong: Symp Landslides. Washington: [s. n.], 1989: 271-287.

[11] 桑凯. 近60年中国滑坡灾害数据统计与分析[J]. 科技传播, 2013, 5(10): 129.

[12] 刘传正, 陈春利. 中国地质灾害防治成效与问题对策[J]. 工程地质学报, 2020, 28(2): 375-383.

[13] 何朝阳. 滑坡实时监测预警系统关键技术及其应用研究[D]. 成都: 成都理工大学, 2020.

[14] 殷跃平. 全面提升地质灾害防灾减灾科技水平[J]. 中国地质灾害与防治学报, 2018, 29(5): 147.

[15] 徐红. 地质灾害: 由群防到技防——访自然资源部地质灾害防治技术指导中心首席科学家殷跃平[J]. 中国测绘, 2020, (7): 8-11.

[16] GLENDINNING S, HUGHES P, HELM P, et al. Construction, management and maintenance of embankments used for road and rail infrastructure: Implications of weather induced pore water pressures[J]. Acta Geotechnica, 2014, 9(5): 799-816.

[17] AGHAKOUCHAK A, HUNING L S, MAZDIYASNI O, et al. How do natural hazards cascade to cause disasters? [J]. Nature, 2018, 561(7724): 458-460.

[18] INTRIERI E, GIGLI G, MUGNAI F, et al. Design and implementation of a landslide early warning system[J]. Engineering Geology, 2012, 147: 124-136.

[19] UHLEMANN S, SMITH A, CHAMBERS J, et al. Assessment of ground-based monitoring techniques applied to landslide investigations [J]. Geomorphology, 2016, 253: 438-451.

[20] SASAHARA K, ITOH K, SAKAI N. Prediction method of the onset of landslides based on the stress-dilatancy relation against shallow landslides[M]. [S. l.]: Springer International Publishing, 2014.

[21] 殷跃平, 吴树仁. 滑坡监测预警与应急防治技术研究[M]. 北京: 科学出版社, 2012.

[22] 晏鄂川, 刘广润. 试论滑坡基本地质模型[J]. 工程地质学报, 2004, (1): 21-24.

[23] VARNES D J. Slope movement types and processes[J]. National Academy of Sciences Transportation Research Board Special Report, 1978, 176: 11-33.

[24] CRUDEN D M, VARNES D J. Landslides: Investigation and mitigation. Chapter 3-Landslide types and processes[J]. Transportation research board special report, 1996 (247).

[25] HUNGR O, LEROUEIL S, PICARELLI L. The Varnes classification of landslide types, an update[J]. Landslides, 2014, 11(2): 167-194.

[26] GIRI P, NG K, PHILLIPS W. Laboratory simulation to understand translational soil slides and establish movement criteria using wireless IMU sensors [J]. Landslides, 2018, 15(12): 2437-2447.

[27] HUANGV R. Mechanisms of large-scale landslides in China [J]. Bulletin of Engineering Geology and the Environment, 2012, 71(1): 161-170.

[28] HUANG R. Some catastrophic landslides since the twentieth century in the southwest of China[J]. Landslides, 2009, 6(1): 69-81.

[29] CHEN Z L, XU Q, HU X. Study on dynamic response of the "Dualistic" structure rock slope with seismic wave theory[J]. Journal of Mountain Science, 2013, 10(6): 996-1007.

[30] 张倬元, 王士天, 王兰生, 等. 工程地质分析原理[M]. 北京: 地质出版社, 2009.

[31] 胡显明, 晏鄂川, 吕坤, 等. 基于深部位移监测的渐进推移式滑坡变形传递过程研究[J]. 地球与环境, 2011, 39(3): 338-342.

[32] 卢应发, 黄学斌, 刘德富. 推移式滑坡渐进破坏机制及稳定性分析[J]. 岩石力学与工程学报, 2016, 35(2): 333-345.

[33] 杜岩, 谢谟文, 吴志祥, 等. 平推式滑坡成因机制及其稳定性评价[J]. 岩石力学与工程学报, 2019, 38(S1): 2871-2880.

[34] HE M, GONG W, WANG J, et al. Development of a novel energy-absorbing bolt

with extraordinarily large elongation and constant resistance[J]. International Journal of Rock Mechanics and Mining Sciences,2014,67: 29-42.

[35] MEISINA C,ZUCCA F,NOTTI D,et al. Geological interpretation of PSInSAR data at regional scale[J]. Sensors,2008,8(11): 7469-7492.

[36] ASKARINEJAD A,CASINI F,BISCHOF P,et al. Rainfall induced instabilities: A field experiment on a silty sand slope in northern Switzerland[J]. Rivista Italiana Di Geotecnica,2012,3: 50-71.

[37] CADMAN J D,GOODMAN R E. Landslide noise[J]. Science,1967,158(3805): 1182-1184.

[38] PETLEY D N, HIGUCHI T, PETLEY D J, et al. Development of progressive landslide failure in cohesive materials[J]. Geology,2005,33(3): 201-204.

[39] HUTCHINSON J N. Morphology and geotechnical parameters of landslides in relation to geology and hydrogeology[C]//Proc 5th Int Symp on Landslides, Lausanne 1. Rotterdam: Balkema,1988: 3-35.

[40] CHANDLER R J. Recent european experience of landslides in over-consolidated clays and soft rocks[C]//Proc 4th International Symposium on Landslides. Toronto: [s. n. ],1984: 61-81.

[41] LEROUEIL S. Natural slopes and cuts: Movement and failure mechanisms[J]. Geotechnique,2001,51(3): 197-243.

[42] TERZAGHI K. Mechanism of Landslides[J]. Berkley Volume,The Geological Society of America,1950.

[43] SKEMPTON A W,PETLEY D J. The strength along structural discontinuities in stiff clays[C]//Proceedings of the Geotechnical Conference at Oslo, Norway. Norway: [s. n. ],1967,2: 153.

[44] COOPER M R,BROMHEAD E N,PETLEY D J,et al. The Selborne cutting stability experiment[J]. Géotechnique,1998,48(1): 83-101.

[45] LACASSE S,NADIM F,et al. Landslide risk assessment and mitigation strategy [M]. Berlin: Springer,2009.

[46] SASSA K. The geotechnical classification of landslides[C]//Proc 4th Int Conf Field Workshop on Landslides. Tokyo: [s. n. ],1985: 31-40.

[47] SMITH A,DIXON N,FOWMES G J. Early detection of first-time slope failures using acoustic emission measurements: Large-scale physical modelling [J]. Geotechnique,2017,67(2): 138-152.

[48] SAITO M. Forecasting the time of occurrence of a slope failure[C]//Proceedings of the 6th International Conference on Soil Mechanics and Foundation Engineering. Pergamon: [s. n. ],1965: 537-541.

[49] TRONCONE A,CONTE E,DONATO A. Two and three-dimensional numerical analysis of the progressive failure that occurred in an excavation-induced landslide

[J]. Engineering Geology,2014,183: 265-275.

[50] DENG L, YUAN H, CHEN J, et al. Experimental investigation on progressive deformation of soil slope using acoustic emission monitoring[J]. Engineering Geology,2019,261: 105295.

[51] SAITO M,UEZAWA H. Failure of soil due to creep[C]//Proceedings of the 5th International Conference on Soil Mechanics and Foundation Engineering. Paris: [s. n. ],1961: 315-318.

[52] SAITO M. Forecasting time of slope failure by tertiary creep[C]//Proceedings of the 7th International Conference on Soil Mechanics and Foundation Engineering. Mexico City: [s. n. ],1969: 677-683.

[53] ZERATHE S,LEBOURG T. Evolution stages of large deep-seated landslides at the front of a subalpine meridional chain (Maritime-Alps, France) [J]. Geomorphology,2012,138(1): 390-403.

[54] 许强,曾裕平.具有蠕变特点滑坡的加速度变化特征及临滑预警指标研究[J].岩石力学与工程学报,2009,28(6): 1099-1106.

[55] HANDWERGER A L, HUANG M-H, FIELDING E J, et al. A shift from drought to extreme rainfall drives a stable landslide to catastrophic failure[J]. Scientific Reports,2019,9(1): 1569.

[56] LONGONI L, IVANOV V, FERRARIO M, et al. Laboratory tests with interferometric optical fibre sensors to monitor shallow landslides triggered by rainfalls[J]. Landslides,2022,19(3): 761-772.

[57] SCHENATO L,PALMIERI L,CAMPORESE M,et al. Distributed optical fibre sensing for early detection of shallow landslides triggering[J]. Scientific Reports, 2017,7: 14686.

[58] COGAN J, GRATCHEV I. A study on the effect of rainfall and slope characteristics on landslide initiation by means of flume tests[J]. Landslides, 2019,16(12): 2369-2379.

[59] MONTRASIO L,SCHILIRÒ L,TERRONE A. Physical and numerical modelling of shallow landslides[J]. Landslides,2016,13(5): 873-883.

[60] 周昌.水库滑坡-悬臂桩体系协同演化规律及其力学特征研究[D].北京:中国地质大学,2020.

[61] 雍睿,胡新丽,唐辉明,等.推移式滑坡演化过程模型试验与数值模拟研究[J].岩土力学,2013,34(10): 3018-3027.

[62] 刘邦.面向土体滑坡的复合光纤装置联合监测技术研究[D].重庆:重庆大学,2019.

[63] 钟助.裂隙岩体边坡岩桥破坏机制及稳定性研究[D].重庆:重庆大学,2019.

[64] 陈冲,张军.倾斜基底排土场边坡变形破坏底面摩擦模型实验研究[J].金属矿山,2016,(10): 150-154.

[65] 牟太平,张嘎,张建民.土坡破坏过程的离心模型试验研究[J].清华大学学报(自然科学版),2006,(9):1522-1525.

[66] 万琪,岳夏冰,闫强,等.降雨下边坡开挖支护离心模型试验[J].地质力学学报,2018,24(6):863-870.

[67] LING H I, WU M-H, LESHCHINSKY D, et al. Centrifuge modeling of slope instability[J]. Journal of Geotechnical and Geoenvironmental Engineering,2009,135(6):758-767.

[68] 吴剑,张振华,王幸林,等.边坡物理模型倾斜加载方式的研究[J].岩土力学,2012,33(3):713-718.

[69] 朱淳.层状反倾岩质边坡倾倒变形破坏机理及 NPR 锚索控制实验研究[D].长春:吉林大学,2020.

[70] ZHAO H, MA F, XU J, et al. Experimental investigations of fault reactivation induced by slope excavations in China[J]. Bulletin of Engineering Geology and the Environment,2014,73(3):891-901.

[71] 傅鹤林,李昌友,郭峰,等.滑坡触发因素及其影响的原位试验[J].中南大学学报(自然科学版),2009,40(3):781-785.

[72] 李爱国,岳中琦,谭国焕,等.香港某边坡综合自动监测系统的设计和安装[J].岩石力学与工程学报,2003,22(5):790-796.

[73] 谭捍华.类土质边坡稳定性及其控制技术研究[D].重庆:重庆大学,2011.

[74] INTRIERI E, CARLÀ T, GIGLI G. Forecasting the time of failure of landslides at slope-scale: A literature review[J]. Earth-Science Reviews,2019,193:333-349.

[75] QI S, YAN F, WANG S, et al. Characteristics, mechanism and development tendency of deformation of Maoping landslide after commission of Geheyan reservoir on the Qingjiang River, Hubei Province, China[J]. Engineering Geology,2006,86(1):37-51.

[76] 秦四清,王思敬.斜坡滑动失稳演化的非线性机制与过程研究进展[J].地球与环境,2005,33(3):75-82.

[77] TSAI H Y, TSAI C C, CHANG W C. Slope unit-based approach for assessing regional seismic landslide displacement for deep and shallow failure [J]. Engineering Geology,2019,248:124-139.

[78] PALMER J. Creeping Catastrophes[J]. Nature,2017,548(7668):384-386.

[79] 杨人光.滑坡蠕变时效稳定性理论与滑坡预测(报)研究的基本构想[J].地质灾害与环境保护,2010,21(2):71-73,87.

[80] 许强,汤明高,徐开祥,等.滑坡时空演化规律及预警预报研究[J].岩石力学与工程学报,2008,(6):1104-1112.

[81] 贺可强,孙林娜,王思敬.滑坡位移分形参数 Hurst 指数及其在堆积层滑坡预报中的应用[J].岩石力学与工程学报,2009,28(6):1107-1115.

[82] 秦四清.滑坡前兆突变异常识别方法[J].岩土力学,2000,21(1):36-39.

[83] 全国自然资源与国土空间规划标准化技术委员会. 滑坡防治设计规范: GB/T 38509—2020[S]. 北京: 中国标准出版社, 2020.

[84] HILLEY G E, BURGMANN R, FERRETTI A, et al. Dynamics of slow-moving landslides from permanent scatterer analysis[J]. Science, 2004, 304(5679): 1952-1955.

[85] ZENI L, PICARELLI L, AVOLIO B, et al. Brillouin optical time-domain analysis for geotechnical monitoring[J]. Journal of Rock Mechanics and Geotechnical Engineering, 2015, 7(4): 458-462.

[86] ZHU H H, WANG Z Y, SHI B, et al. Feasibility study of strain based stability evaluation of locally loaded slopes: Insights from physical and numerical modeling[J]. Engineering Geology, 2016, 208: 39-50.

[87] FRATTINI P, CROSTA G B, ROSSINI M, et al. Activity and kinematic behaviour of deep-seated landslides from PS-InSAR displacement rate measurements[J]. Landslides, 2018, 15(6): 1053-1070.

[88] RODRIGUEZ J, MACCIOTTA R, HENDRY M T, et al. UAVs for monitoring, investigation, and mitigation design of a rock slope with multiple failure mechanisms—a case study[J]. Landslides, 2020, 17(9): 2027-2040.

[89] JONGMANS D, GARAMBOIS S. Geophysical investigation of landslides: A review[J]. Bulletin De La Société Géologique De France, 2007, 178(2): 101-112.

[90] SYAHMI M Z, AZIZ W A W, ZULKARNAINI M A, et al. The movement detection on the landslide surface by using Terrestrial Laser Scanning[C]// Proceedings of the Control and System Graduate Research Colloquium. [S. l.]: IEEE, 2011.

[91] 冯春, 张军, 李世海, 等. 滑坡变形监测技术的最新进展[J]. 中国地质灾害与防治学报, 2011, 22(1): 11-16.

[92] BARDI F, RASPINI F, CIAMPALINI A, et al. Space-borne and ground-based InSAR data integration: The Aknes test site[J]. Remote Sensing, 2016, 8(3): 237.

[93] PECORARO G, CALVELLO M, PICIULLO L. Monitoring strategies for local landslide early warning systems[J]. Landslides, 2019, 16(2): 213-231.

[94] 侯训田, 万毅宏, 张娟秀, 等. 基于声发射技术的山体滑坡灾变预测试验研究[J]. 中外公路, 2014, 34(1): 36-39.

[95] 杨智春, 邓庆田. 负泊松比材料与结构的力学性能研究及应用[J]. 力学进展, 2011, 41(3): 335-350.

[96] 翟艳龙. 基于滑体位移的滑坡时间预测分析方法研究[D]. 成都: 西南交通大学, 2016.

[97] 李世海, 冯春, 周东. 滑坡研究中的力学方法[M]. 北京: 科学出版社, 2018.

[98] 何满潮, 李晨, 宫伟力, 等. NPR 锚杆/索支护原理及大变形控制技术[J]. 岩石力

学与工程学报,2016,35(8): 1513-1529.

[99] YAMADA M,KUMAGAI H,MATSUSHI Y,et al. Dynamic landslide processes revealed by broadband seismic records[J]. Geophysical Research Letters,2013, 40(12): 2998-3002.

[100] 申屠南瑛.地下位移测量方法及理论研究[D].杭州:浙江大学,2013.

[101] MALEHMIR A,SOCCO L V,BASTANI M,et al. Near-surface geophysical characterization of areas prone to natural hazards: A review of the current and perspective on the future[J]. Advances in Geophysics,2016,57: 51-146.

[102] UCHIMURA T,TOWHATA I,LAN ANH T T,et al. Simple monitoring method for precaution of landslides watching tilting and water contents on slopes surface[J]. Landslides,2010,7(3): 351-357.

[103] SMETHURST J,SMITH A,UHLEMANN S,et al. Current and future role of instrumentation and monitoring in the performance of transport infrastructure slopes[J]. Quarterly Journal of Engineering Geology & Hydrogeology,2017, 50(3): 271-286.

[104] PEI H,JING J,ZHANG S. Experimental study on a new FBG-based and Terfenol-D inclinometer for slope displacement monitoring[J]. Measurement, 2020,151: 107172.

[105] ZHOU Y,DONGJIAN Z,ZHUOYAN C,et al. Research on a novel inclinometer based on distributed optical fiber strain and conjugate beam method [J]. Measurement,2020,153: 107404.

[106] DIXON N,SMITH A,SPRIGGS M,et al. Stability monitoring of a rail slope using acoustic emission[J]. Proceedings of the Institution of Civil Engineers-Geotechnical Engineering,2015,168(5): 373-384.

[107] ABDOUN T,BENNETT V,DESROSIERS T,et al. Asset management and safety assessment of levees and earthen dams through comprehensive real-time field monitoring[J]. Geotechnical and Geological Engineering,2013,31(3): 833-843.

[108] DASENBROCK D. Performance observations of MEMS ShapeAccelArray (SAA) deformation sensors[J]. Geotechnical Instrumentation News,2014: 23-26.

[109] SMITH A,MOORE I D,DIXON N. Acoustic emission sensing of pipe-soil interaction: Full-scale pipelines subjected to differential ground movements [J]. Journal of Geotechnical and Geoenvironmental Engineering,2019,145(12): 04019113.

[110] RUZZA G,GUERRIERO L,REVELLINO P,et al. A multi-module fixed inclinometer for continuous monitoring of landslides: Design,development,and laboratory testing[J]. Sensors,2020,20(11): 3318.

[111] SMITH A. Quantification of slope deformation behaviour using acoustic emission

monitoring[D]. Leicester：Loughborough University,2015.

[112]  STARK T D,CHOI H. Slope inclinometers for landslides[J]. Landslides,2008,
       5(3)：339-350.

[113]  GREEN G, MIKKELSEN P. Measurement of ground movement with
       inclinometers[C]//Proceedings of Fourth International Geotechnical Seminar on
       Field Instrumentation and In-Situ Measurement. Singapore：[s. n.], 1986：
       235-246.

[114]  李果,王毅,吴铸,等.基于柔性测斜装置的滑坡大变形误差识别与修正[J].人
       民长江,2016,47(4)：74-78.

[115]  MATSUURA S,ASANO S,OKAMOTO T. Relationship between rain and/or
       meltwater,pore-water pressure and displacement of a reactivated landslide[J].
       Engineering Geology,2008,101(1)：49-59.

[116]  DIXON N,SMITH A,FLINT J A,et al. An acoustic emission landslide early
       warning system for communities in low-income and middle-income countries
       [J]. Landslides,2018,15(8)：1631-1644.

[117]  MICHLMAYR G, COHEN D, OR D. Shear-induced force fluctuations and
       acoustic emissions in granular material[J]. Journal of Geophysical Research
       Solid Earth,2013,118(12)：6086-6098.

[118]  MA K,TANG C A,LIANG Z Z,et al. Stability analysis and reinforcement
       evaluation of high-steep rock slope by microseismic monitoring[J]. Engineering
       Geology,2017,218：22-38.

[119]  易武,孟召平.岩质边坡声发射特征及失稳预报判据研究[J].岩土力学,2007,
       (12)：2529-2533,2538.

[120]  MICHLMAYR G,COHEN D, OR D. Sources and characteristics of acoustic
       emissions from mechanically stressed geologic granular media：A review[J].
       Earth-Science Reviews,2012,112(3/4)：97-114.

[121]  DIXON N,SMITH A, PIETZ M. A community-operated landslide early warning
       approach：Myanmar case study[J]. Geoenvironmental Disasters,2022,9(1)：18.

[122]  KOERNER R M,JR A E L,MCCABE W M. Acoustic emission monitoring of
       soil stability[J]. Journal of Geotechnical & Geoenvironmental Engineering,
       1978,104：571-582.

[123]  LORD A E,FISK C L,KOERNER R M. Utilization of steel rods as AE
       waveguides[J]. Journal of Geotechnical & Geoenvironmental Engineering,1982,
       108(2)：300-305.

[124]  VOIGHT B. A relation to describe rate-dependent material failure[J]. Science,
       1989,243(4888)：200-203.

[125]  SPRIGGS M. Quantification of acoustic emission from soils for predicting
       landslide failure[D]. Leicester：Loughborough University,2005.

[126] SMITH A,DIXON N,MELDRUM P,et al. Acoustic emission monitoring of a soil slope: Comparisons with continuous deformation measurements [J]. Géotechnique Letters,2014,4(4): 255-261.

[127] CODEGLIA D,DIXON N,FOWMES G J,et al. Analysis of acoustic emission patterns for monitoring of rock slope deformation mechanisms[J]. Engineering Geology,2016,219: 21-31.

[128] CODEGLIA D,DIXON N,FOWMES G J,et al. Strategies for rock slope failure early warning using acoustic emission monitoring[C]//IOP Conference Series: Earth and Environmental Science. [S. l.]: IOP Publishing,2015: 012028.

[129] DIXON N, SPRIGGS M P, SMITH A, et al. Quantification of reactivated landslide behaviour using acoustic emission monitoring[J]. Landslides, 2014, 12(3): 549-560.

[130] SMITH A, DIXON N. Acoustic emission behaviour of dense sands [J]. Géotechnique,2019,69(12): 1107-1122.

[131] DIXON N, HILL R, KAVANAGH J. Acoustic emission monitoring of slope instability: Development of an active waveguide system[C]// Proceedings of the Institution of Civil Engineers - Geotechnical Engineering. [S. l. : s. n.],2003, 156(2): 83-95.

[132] MIRGHASEMI A A,ROTHENBURG L,MATYAS E L. Influence of particle shape on engineering properties of assemblies of two-dimensional polygon-shaped particles[J]. Géotechnique,2002,52(3): 209-217.

[133] CUI L,O'SULLIVAN C,O'NEILL S. An analysis of the triaxial apparatus using a mixed boundary three-dimensional discrete element model[J]. Géotechnique, 2007,57(10): 831-844.

[134] DIXON N, SPRIGGS M. Quantification of slope displacement rates using acoustic emission monitoring[J]. Canadian Geotechnical Journal,2007,44(8): 966-976.

[135] INGRAHAM M D,ISSEN K A,HOLCOMB D J. Use of acoustic emissions to investigate localization in high-porosity sandstone subjected to true triaxial stresses[J]. Acta Geotechnica,2013,8(6): 645-663.

[136] PICIULLO L,CALVELLO M,CEPEDA J M. Territorial early warning systems for rainfall-induced landslides[J]. Earth-Science Reviews,2018,179: 228-247.

[137] SEGONI S,PICIULLO L,GARIANO S L. A review of the recent literature on rainfall thresholds for landslide occurrence[J]. Landslides,2018,15: 1483-1501.

[138] 倪树斌,马超,杨海龙,等.北京山区崩塌、滑坡、泥石流灾害空间分布及其敏感性分析[J].北京林业大学学报,2018,40(6): 81-91.

[139] SINGH K, KUMAR V. Rainfall thresholds triggering landslides: A review [C]// Sustainable Environment and Infrastructure. [S. l.]: Springer,2021,90:

455-464.

[140] HARILAL G T, MADHU D, RAMESH M V, et al. Towards establishing rainfall thresholds for a real-time landslide early warning system in Sikkim, India [J]. Landslides, 2019, 16(12): 2395-2408.

[141] 林鸿州. 降雨诱发土质边坡失稳的试验与数值分析研究[D]. 北京: 清华大学, 2007.

[142] GUZZETTI F, GARIANO S L, PERUCCACCI S, et al. Geographical landslide early warning systems[J]. Earth-Science Reviews, 2020, 200: 102973.

[143] MIRUS B B, BECKER R E, BAUM R L, et al. Integrating real-time subsurface hydrologic monitoring with empirical rainfall thresholds to improve landslide early warning[J]. Landslides, 2018, 15(10): 1909-1919.

[144] CHUNG C-C, LIN C-P. A comprehensive framework of TDR landslide monitoring and early warning substantiated by field examples[J]. Engineering Geology, 2019, 262: 105330.

[145] 王尚庆. 长江三峡滑坡监测预报[M]. 北京: 地质出版社, 1999.

[146] LI H, XU Q, HE Y, et al. Prediction of landslide displacement with an ensemble-based extreme learning machine and copula models[J]. Landslides, 2018, 1-13.

[147] PEDREGOSA F, VAROQUAUX G, GRAMFORT A, et al. Scikit-learn: Machine learning in Python[J]. Journal of Machine Learning Research, 2011, 12: 2825-2830.

[148] ALPAYDIN E. Introduction to machine learning[M]. [S. l.]: MIT press, 2020.

[149] POLIKAR R. Ensemble Learning[J]. Ensemble Machine Learning: Methods and Applications, 2012: 1-34.

[150] GOMES H M, BARDDAL J P, ENEMBRECK F, et al. A survey on ensemble learning for data stream classification[J]. ACM Comput Surv, 2017, 50(2): 1-36.

[151] OZA N C. Online bagging and boosting[C]//IEEE International Conference on Systems, Man and Cybernetics. [S. l.: s. n.], 2005: 2340-2345.

[152] DIETTERICH T G. An experimental comparison of three methods for constructing ensembles of decision trees: Bagging, boosting, and randomization [J]. Machine Learning, 2000, 40(2): 139-157.

[153] BREIMAN L. Random forests[J]. Machine Learning, 2001, 45(1): 5-32.

[154] CHEN T, GUESTRIN C. XGBoost: A scalable tree boosting system[C]// Proceedings of the 22nd ACM SIGKDD International Conference on Knowledge Discovery and Data Mining. San Francisco, California, USA: Association for Computing Machinery, 2016: 785-794.

[155] BREIMAN L. Statistical modeling: The two cultures[J]. Statistical Science, 2001, 16(3): 199-215.

[156] HAWKINS D M. The problem of overfitting [J]. Journal of Chemical Information and Computer Sciences,2004,44(1): 1-12.

[157] CHEN T,HE T. Xgboost: eXtreme gradient boosting. (Package version 1. 1. 1. 1) [M]. [S. l. : s. n. ],2020.

[158] SUYKENS J A K,VANDEWALLE J. Least squares support vector machine classifiers[J]. Neural Processing Letters,1999,9(3): 293-300.

[159] RUIZ-GONZALEZ R,GOMEZ-GIL J,GOMEZ-GIL F J,et al. An SVM-based classifier for estimating the state of various rotating components in agro-industrial machinery with a vibration signal acquired from a single point on the machine chassis[J]. Sensors (Basel),2014,14(11): 20713-20735.

[160] CHANG Y-W, HSIEH C-J, CHANG K-W, et al. Training and testing low-degree polynomial data mappings via linear SVM[J]. J Mach Learn Res,2010, 11: 1471-1490.

[161] MAYORAZ E, ALPAYDIN E. Support vector machines for multi-class classification[C]//Berlin,Heidelberg: Springer,1999: 833-842.

[162] GUO H,WANG W. An active learning-based SVM multi-class classification model[J]. Pattern Recognition,2015,48(5): 1577-1597.

[163] HUANG G-B, ZHU Q-Y, SIEW C-K. Extreme learning machine: A new learning scheme of feedforward neural networks[C]//2004 IEEE International Joint Conference on Neural Networks. [S. l. : s. n. ],2004: 985-990.

[164] HUANG G-B,ZHU Q-Y,SIEW C-K. Extreme learning machine: Theory and applications[J]. Neurocomputing,2006,70(1): 489-501.

[165] YU Q,MICHE Y,EIROLA E,et al. Regularized extreme learning machine for regression with missing data[J]. Neurocomputing,2013,102: 45-51.

[166] ITO K, NAKANO R. Optimizing support vector regression hyperparameters based on cross-validation[C]//Proceedings of the International Joint Conference on Neural Networks. [S. l. : s. n. ],2003: 2077-2082.

[167] PROBST P,WRIGHT M N,BOULESTEIX A-L. Hyperparameters and tuning strategies for random forest[J]. WIREs Data Mining and Knowledge Discovery, 2019,9(3): 1301.

[168] 沈功田,耿荣生,刘时风.声发射信号的参数分析方法[J].无损检测,2002,(2): 72-77.

[169] 陈颙.声发射技术在岩石力学研究中的应用[J].地球物理学报,1977,20(4): 312-322.

[170] 戴峰,魏明东,徐奴文,等.内置三维裂隙非均匀性岩石渐进破坏数值研究[J]. 应用基础与工程科学学报,2014,(6): 1178-1186.

[171] ANASTASOPOULOS A,KOUROUSIS D,BOLLAS K. Acoustic emission leak detection of liquid filled buried pipeline[J]. Journal of Acoustic Emission,2009,

27：27-39.

[172] DAVOODI S，MOSTAFAPOUR A. Theorical analysis of leakage in high pressure pipe using acoustic emission method[J]. Advanced Materials Research, 2012,445：917-922.

[173] YOON D-J,WEISS W J,SHAH S P. Assessing damage in corroded reinforced concrete using acoustic emission[J]. Journal of Engineering Mechanics,2000, 126(3)：273-283.

[174] CHEON D-S,JUNG Y-B,PARK E-S,et al. Evaluation of damage level for rock slopes using acoustic emission technique with waveguides[J]. Engineering Geology,2011,121(1)：75-88.

[175] 李俊平,汪晓霖,程慧高. 声发射技术在武山铜矿的应用[J]. 岩石力学与工程学报,1996,(s1)：577-581.

[176] 尹贤刚,李庶林. 声发射技术在岩土工程中的应用[J]. 采矿技术,2002,2(4)：39-42.

[177] 汤为. 基于声发射法的铣刀磨损状态识别研究[D]. 上海：上海交通大学,2009.

[178] KOERNER R M,MCCABE W M,AE LORD J. Acoustic emission behavior and monitoring of soils[M]. West Conshohocken,PA：ASTM International,1981.

[179] MICHLMAYR G,CHALARI A,CLARKE A,et al. Fiber-optic high-resolution acoustic emission (AE) monitoring of slope failure[J]. Landslides,2017,14(3)：1139-1146.

[180] MICHLMAYR G,OR D,COHEN D. Fiber bundle models for stress release and energy bursts during granular shearing[J]. Physical Review E,2012,86(6)：061307.

[181] KNUTH M W,TOBIN H J,MARONE C. Evolution of ultrasonic velocity and dynamic elastic moduli with shear strain in granular layers[J]. Granular Matter, 2013,15(5)：499-515.

[182] LIN W,LIU A,MAO W,et al. Acoustic emission behavior of granular soils with various ground conditions in drained triaxial compression tests[J]. Soils and Foundations,2020,60(4)：929-943.

[183] XIAO Y,WANG L,JIANG X,et al. Acoustic emission and force drop in grain crushing of carbonate sands[J]. Journal of Geotechnical and Geoenvironmental Engineering,2019,145(9)：04019057.

[184] KOCHARYAN G G,NOVIKOV V A,OSTAPCHUK A A,et al. A study of different fault slip modes governed by the gouge material composition in laboratory experiments[J]. Geophysical Journal International,2016,208(1)：521-528.

[185] LEEMAN J R,SAFFER D M,SCUDERI M M,et al. Laboratory observations of slow earthquakes and the spectrum of tectonic fault slip modes[J]. Nature

Communications,2016,7(1): 11104.

[186] SCUDERI M M,COLLETTINI C,VITI C,et al. Evolution of shear fabric in granular fault gouge from stable sliding to stick slip and implications for fault slip mode[J]. Geology,2017,45(8): 731-734.

[187] LIU Z M, JIANG Y, WANG D J, et al. Four types of acoustic emission characteristics during granular stick-slip evolution [J]. Journal of Mountain Science,2021,19: 276-288.

[188] POLLARD H F,HERRMANN G. Sound waves in solids[J]. Journal of Applied Mechanics,1977,45(4): 967-968.

[189] ARISTÉGUI C,LOWE M J S,CAWLEY P. Guided waves in fluid-filled pipes surrounded by different fluids[J]. Ultrasonics,2001,39(5): 367-375.

[190] LONG R, LOWE M, CAWLEY P. Attenuation characteristics of the fundamental modes that propagate in buried iron water pipes[J]. Ultrasonics, 2003,41(7): 509-519.

[191] SHEHADEH M F,ABDOU W,STEEL J A,et al. Aspects of acoustic emission attenuation in steel pipes subject to different internal and external environments [J]. Proceedings of the Institution of Mechanical Engineers,Part E: Journal of Process Mechanical Engineering,2008,222(1): 41-54.

[192] MAJI A K, SATPATHI D, KRATOCHVIL T. Acoustic emission source location using lamb wave modes[J]. Journal of Engineering Mechanics,1997, 123(2): 154-161.

[193] SIKORSKA J,PAN J. The effect of waveguide material and shape on acoustic emission transmission characteristics part 1: Traditional features[J]. Journal of Acoustic Emission,2004,22: 264-273.

[194] 耿荣生,沈功田,刘时风.基于波形分析的声发射信号处理技术[J].无损检测, 2002,(6): 257-261.

[195] MASSEY C I, PETLEY D N, MCSAVENEY M J. Patterns of movement in reactivated landslides[J]. Engineering Geology,2013,159: 1-19.

[196] ALONSO E E. Triggering and motion of landslides[J]. Géotechnique, 2021, 71(1): 3-59.

[197] FUJIWARA T,ISHIBASHI A,MONMA K. Application of acoustic emission method to Shirasu slope monitoring[C]//International Symposium on Slope Stability Engineering. Matsuyama,Japan: [s. n.],1999: 147-150.

[198] 李善春,戴光,高峰,等.波导杆中声发射信号传播特性实验[J].东北石油大学学报,2006,30(5): 65-68.

[199] 陈冲,吕震,刘兵,等.声发射信号在圆柱型波导杆中的传播特性[J].理化检验 (物理分册),2013,49(5): 293-295.

[200] PUTHILLATH P, GALAN J M, REN B, et al. Ultrasonic guided wave

propagation across waveguide transitions: Energy transfer and mode conversion [J]. The Journal of the Acoustical Society of America, 2013, 133 (5): 2624-2633.

[201] OELZE M L,O'BRIEN W D,DARMODY R G. Measurement of attenuation and speed of sound in soils[J]. Soil Science Society of America Journal,2002,66(3): 788-796.

[202] SMITH A, DIXON N. Quantification of landslide velocity from active waveguide-generated acoustic emission[J]. Canadian Geotechnical Journal,2015, 52(4): 413-425.

[203] 夏浩,雍睿,马俊伟. 推移式滑坡模型试验推力加载方法的研究[J]. 长江科学院院报,2015,32(1): 112-116.

[204] HAERI H,SARFARAZI V,SHEMIRANI A B,et al. Field evaluation of soil liquefaction and its confrontation in fine-grained sandy soils (Case study: South of Hormozgan Province)[J]. Journal of Mining Science,2017,53(3): 457-468.

[205] CHO S E. Infiltration analysis to evaluate the surficial stability of two-layered slopes considering rainfall characteristics [J]. Engineering Geology, 2009, 105(1): 32-43.

[206] CARIS J P T, VAN ASCH T W J. Geophysical,geotechnical and hydrological investigations of a small landslide in the French Alps[J]. Engineering Geology, 1991,31(3): 249-276.

[207] CHEN Y,IRFAN M,UCHIMURA T,et al. Elastic wave velocity monitoring as an emerging technique for rainfall-induced landslide prediction[J]. Landslides, 2018,15(6): 1155-1172.

[208] ZAKI A, CHAI H K, RAZAK H A, et al. Monitoring and evaluating the stability of soil slopes: A review on various available methods and feasibility of acoustic emission technique[J]. Comptes Rendus Geoscience,2014,346(9): 223-232.

[209] MACCIOTTA R, HENDRY M, MARTIN C D. Developing an early warning system for a very slow landslide based on displacement monitoring[J]. Natural Hazards,2016,81(2): 887-907.

[210] XU Q,YUAN Y,ZENG Y,et al. Some new pre-warning criteria for creep slope failure[J]. Science China Technological Sciences,2011,54(1): 210-220.

[211] SMITH A,DIXON N,MELDRUM P,et al. Inclinometer casings retrofitted with acoustic real-time monitoring systems[J]. Ground Engineering,2014,24-29.

[212] DENG L, YUAN H, CHEN J, et al. Experimental investigation on integrated subsurface monitoring of soil slope using acoustic emission and mechanical measurement[J]. Applied Sciences,2021,11(16): 7173.

[213] 覃瀚萱,桂蕾,余玉婷,等. 基于滑坡灾害预警分级的应急处置措施[J]. 地质科

技通报,2021,40(4):187-195.

[214] HUANG F,HUANG J,JIANG S,et al. Landslide displacement prediction based on multivariate chaotic model and extreme learning machine[J]. Engineering Geology,2017,218:173-186.

[215] BERG N,SMITH A,RUSSELL S,et al. Correlation of acoustic emissions with patterns of movement in an extremely slow-moving landslide at Peace River, Alberta,Canada[J]. Canadian Geotechnical Journal,2018,55(10):1475-1488.

[216] SMITH A,DIXON N,MOORE R,et al. Photographic feature:Acoustic emission monitoring of coastal slopes in NE England,UK[J]. Quarterly Journal of Engineering Geology and Hydrogeology,2017,50(3):239-244.

[217] THIRUGNANAM H,RAMESH M V,RANGAN V P. Enhancing the reliability of landslide early warning systems by machine learning[J]. Landslides,2020, 17(9):2231-2246.

[218] KRKAČ M,BERNAT GAZIBARA S,ARBANAS Ž,et al. A comparative study of random forests and multiple linear regression in the prediction of landslide velocity[J]. Landslides,2020,17:2515-2531.

[219] GE Q,SUN H,LIU Z,et al. A novel approach for displacement interval forecasting of landslides with step-like displacement pattern[J]. Georisk: Assessment and Management of Risk for Engineered Systems and Geohazards, 2021,1-15.

[220] XING Y,YUE J,CHEN C,et al. A hybrid prediction model of landslide displacement with risk-averse adaptation[J]. Computers & Geosciences,2020, 141:104527.

[221] HUANG Y,JIN Y,LI Y,et al. Towards imbalanced image classification:A generative adversarial network ensemble learning method[J]. IEEE Access, 2020,8:88399-88409.

[222] KRKAČ M,ŠPOLJARIĆ D,BERNAT S,et al. Method for prediction of landslide movements based on random forests[J]. Landslides,2017,14(3): 947-960.

[223] GIBSON R,DANAHER T,HEHIR W,et al. A remote sensing approach to mapping fire severity in south-eastern Australia using sentinel 2 and random forest[J]. Remote Sensing of Environment,2020,240:111702.

[224] ISHWARAN H,LU M. Standard errors and confidence intervals for variable importance in random forest regression,classification,and survival[J]. Statistics in Medicine,2019,38(4):558-582.

[225] LAN X,WU W,PENG D,et al. Classification of hypertension in pregnancy based on random forest and Xgboost fusion model[C]//The Third International Conference on Biological Information and Biomedical Engineering.[S.l.:s.n.],

2019: 1-5.

[226] CORTES C,VAPNIK V. Support-vector networks[J]. Machine Learning,1995, 20(3): 273-297.

[227] TONG S,KOLLER D. Support vector machine active learning with applications to text classification[J]. J Mach Learn Res,2002,2: 45-66.

[228] BARGHOUT L. Spatial-taxon information granules as used in iterative fuzzy-decision-making for image segmentation[C]//Granular Computing and Decision-Making: Interactive and Iterative Approaches. Cham: Springer,2015: 285-318.

[229] WIDODO A, YANG B-S. Support vector machine in machine condition monitoring and fault diagnosis[J]. Mechanical Systems and Signal Processing, 2007,21(6): 2560-2574.

[230] PROVOST F,HIBERT C,MALET J-P. Automatic classification of endogenous landslide seismicity using the random forest supervised classifier[J]. Geophysical Research Letters,2017,44(1): 113-120.

[231] MAXWELL A E,SHARMA M,KITE J S,et al. Slope failure prediction using random forest machine learning and LiDAR in an eroded folded mountain belt [J]. Remote Sensing,2020,12(3): 486.

[232] REN F,WU X,ZHANG K,et al. Application of wavelet analysis and a particle swarm-optimized support vector machine to predict the displacement of the Shuping landslide in the Three Gorges,China[J]. Environmental Earth Sciences, 2015,73(8): 4791-4804.

[233] MAYORAZ F, VULLIET L. Neural networks for slope movement prediction [J]. International Journal of Geomechanics,2002,2(2): 153-173.

[234] COROMINAS J, MOYA J, LEDESMA A, et al. Prediction of ground displacements and velocities from groundwater level changes at the Vallcebre landslide (Eastern Pyrenees,Spain)[J]. Landslides,2005,2(2): 83-96.

[235] LIAN C,ZENG Z G,YAO W,et al. Displacement prediction model of landslide based on a modified ensemble empirical mode decomposition and extreme learning machine[J]. Natural Hazards,2013,66(2): 759-771.

[236] DU J, YIN K, LACASSE S. Displacement prediction in colluvial landslides, Three Gorges Reservoir,China[J]. Landslides,2013,10(2): 203-218.

[237] XIE Q, WU Z,BAN Y,et al. The experimental investigation on progressive deformation of shear slip surface based on acoustic emission measurements[J]. Arabian Journal for Science and Engineering,2022,47(4): 5125-5138.

# 在学期间完成的相关学术成果

**学术论文：**

[1] **Deng L**，Smith A，Dixon N，Yuan H. Automatic classification of landslide kinematics using acoustic emission measurements and machine learning［J］. Landslides，2021，18（8）：2959-2974.（SCI，WOS：000646943000001，中科院 1 区 Top 期刊，IF＝6.6）

[2] **Deng L**，Smith A，Dixon N，Yuan H. Machine learning prediction of landslide deformation behaviour using acoustic emission and rainfall measurements［J］. Engineering Geology，2021，293：106315.（SCI，WOS：000696814500031，中科院 1 区 Top 期刊，IF＝6.8）

[3] **Deng L**，Yuan H，Chen J，et al. Experimental investigation on progressive deformation of soil slope using acoustic emission monitoring［J］. Engineering Geology，2019，261：105295.（SCI，WOS：000496039100020，中科院 1 区 Top 期刊，IF＝6.8）

[4] **Deng L**，Yuan H，Chen J，et al. Correlation between acoustic emission behaviour and dynamics model during three-stage deformation process of soil landslide［J］. Sensors，2021，21：2373.（SCI，WOS：000638852200001，IF＝3.6）

[5] **Deng L**，Yuan H，Chen J，et al. Experimental investigation on integrated subsurface monitoring of soil slope using acoustic emission and mechanical measurement［J］. Applied Sciences，2021，11：7173.（SCI，WOS：000688674100001，IF＝2.7）

[6] **Deng L**，Yuan H，Chen J，et al. Quantitative risk assessment and evolution trajectory of China's iron ore resource［C］//International Conference on Green Energy，Environment and Sustainable Development（GEESD）. Wuhan，China：［s. n.］，2020，555：012003.（EI，20203909221555）

[7] **Deng L**，Yuan H，Huang L，et al. Spatial distribution analysis and regional vulnerability assessment of geological disasters in China［C］//Proceedings of the 4th ACM SIGSPATIAL International Workshop on Safety and Resilience（EM-GIS）. Seattle，WA，USA：［s. n.］，2018：Article 1.（EI，20185206302952）

[8] **Deng L**，Yuan H，Huang L，et al. Post-earthquake search via an autonomous UAV：Hybrid algorithm and 3D path planning［C］//14th International Conference on Natural Computation，Fuzzy Systems and Knowledge Discovery（ICNC-FSKD）.

Huangshan,China：[s. n. ],2018：1329-1334. (EI,20191806857998)

[9] Yan S,Yuan H,Gao Y,Jin B,Muggleton J,**Deng L**. On image fusion of ground surface vibration for mapping and locating underground pipeline leakage：An experimental investigation［J］. Sensors,2020,20：1896. ( SCI,WOS：000537110500092,IF＝3. 6)

[10] Yan S,Yuan H,Gao Y,Jin B,**Deng L**,Li K. Suppression of the influence of surface waves on shear wave imaging for buried pipe location［J］. Journal of Applied Geophysics,2022,196：104517. (SCI,WOS:000735333200004,IF＝2. 1)

[11] 陈杨,**邓李政**,黄丽达,陈涛,陈建国,袁宏永. 基于声发射监测的滑坡过程预警模型［J］. 清华大学学报（自然科学版）,2022,62（6）：1052-1058. (EI, 20222012108576)

[12] Yan S,Yuan H,Gao Y,**Deng L**,Jin B,Ma Y. Experimental investigation into the acoustic characteristics of the ground surface response due to leakage in buried water-filled pipelines［C］// Proceedings of the 5th ACM SIGSPATIAL International Workshop on the Use of GIS in Emergency Management（EM-GIS）. Chicago,IL,USA：[s. n. ],2019：Article 4. (EI,20204509452278)

[13] Huang L,Yuan H,Chen J,**Deng L**. Short-term forecast and analysis of mass incidents based on time series model［C］//14th International Conference on Natural Computation,Fuzzy Systems and Knowledge Discovery（ICNC-FSKD）. Huangshan,China：[s. n. ],2018：787-791. (EI,20203909221555)

[14] Yan S,Yuan H,Gao Y,Jin B,Ma Y,**Deng L**. Experimental investigation on detection and location of leakage in buried water-filled pipelines under different types of sensor arrays and soils［C］//International Conference on Artificial Intelligence,Information Processing and Cloud Computing. Association for Computing Machinery. Sanya,China：[s. n. ],2019：Article 43. (EI,20200308047354)

[15] 曹诗嘉,孙占辉,程明,**邓李政**,王汝栋. 美日科技评估体系比较［J］. 世界科技研究与发展,2021,43（2）：204-215. (CSCD 期刊)

## 专利：

[1] 邓李政,袁宏永,陈涛,等. 基于有源波导声发射技术的滑坡监测方法：中国, CN110320279B［P］. 2020-11-03. (发明专利,ZL 201910371912. 2,已授权)

[2] 邓李政,袁宏永,刘勇,等. 滑坡柔性监测装置及其方法：中国,CN110836651B ［P］. 2021-03-16. (发明专利,ZL 201911038348. 9,已授权)

[3] 邓李政,袁宏永,陈涛,等. 岩土体变形监测装置及方法：中国,CN112797929B ［P］. 2021-11-05. (发明专利,ZL 202011614675. 7,已授权)

[4] 邓李政,袁宏永,刘勇,等. 边坡多元参数测量装置：中国,CN210534963U［P］. 2020-05-15. (实用新型专利,ZL 201921842734. 9,已授权)

[5]　邓李政,袁宏永,陈涛,等.滑坡监测实验装置:中国,CN210665280U[P].2020-06-02.(实用新型专利,ZL 201920639014.6,已授权)

[6]　邓李政,袁宏永,陈涛,等.岩土体变形监测装置:中国,CN214224029U[P].2021-09-17.(实用新型专利,ZL 202023331303.1,已授权)

[7]　邓李政,袁宏永,陈涛,等.岩土变形监测装置:中国,CN306559652S[P].2021-05-25.(外观设计专利,ZL 202030819491.9,已授权)

# 致　谢

有机会来到清华大学攻读博士学位,我感到非常幸运。回顾五年的读博时光,我不断在研究中探索,在探索中研究,最终发现自己对科研的热爱没有被磨灭。我曾经有首战告捷的快乐,也有长时间徘徊不前的沮丧。全神贯注撰写博士论文的这几个月是我收获最大的时期,总结、反思博士研究的点滴,我对研究课题有了更加全面和深入的认识,并有信心迎接未来的挑战。

首先,我衷心地感谢我的导师袁宏永教授。袁老师拥有高尚的品格、渊博的知识、广阔的学术视野和深入的洞察能力,在我的科研和生活上给予了充分的指导和关怀。从最初滑坡实验装置的搭建,到后来研究的深入开展,以及最后博士论文的成稿,我一直受到袁老师的热心指导和严谨评判,这帮助我不断打破已有状态的束缚,不断丰富研究思路,不断提高研究能力。袁老师给了我最大的帮助和支持,能够师从大学者是我学习生涯的荣幸,再次感谢袁老师。

其次,我要感谢清华大学公共安全研究院的老师和同学们。我读博的五年一直在相对较新的领域苦苦求索,时常面临比较大的压力,是老师和同学们的指导和关心给了我不断前行的力量。我要感谢苏国锋、黄全义、申世飞、张辉、翁文国、陈涛、陈建国和付明等老师,感谢老师们的谆谆教诲和悉心指导。我博士期间有半年时间在英国拉夫堡大学联合培养,感谢 Neil Dixon 教授和 Alister Smith 老师对我在学术上的细心指导和生活上的热心帮助。非常感谢中国地质科学院地质力学研究所的孙萍老师对我论文的评审和指导。我要感谢孟祥瑞、陈杨、康煜欣、程明、李开远、于淼淼、刘罡、申梁昌、贾仕喆和田逢时等同学,一起并肩战斗的日子非常值得怀念。我想特别感谢清华大学合肥公共安全研究院提供的优越实验条件和生活便利,让我可以专心地开展自己的研究。

最后,我想感谢我的家人,是你们一直以来默默地支持和鼓励让我前进的步伐更加坚实有力。我感谢所有帮助过我的人,感谢所有真诚的赞许和善意的批评,感谢国家的资助和社会的包容。人生即将进入一个新的阶段,我将成为更好的自己!